本书为山东省社会科学规划研究项目
“山东省县级融媒体建设与基层社会治理协同发展研究”
（21DXWJ02）的研究成果。

Research on Public Opinion
in the Green and Low-Carbon Era

绿色低碳时代的公共舆论研究

以大气污染治理中的突发事件为例

仇 玲 / 著

復旦大學出版社

序言

2013 年 1 月 12 日，中央电视台《新闻联播》头条播出《我国多地雾霾笼罩》，报道了各地的空气污染情况："河北大部连续重度污染"，"北京城区 $PM_{2.5}$ 指数全超标"，"中东部地区连续发布大雾预警"。13 日，北京出现严重雾霾天气，污染指数达到 912，$PM_{2.5}$ 指数达到 532 以上，污染指数"爆表"。"多地大雾求雾散"成为当时新浪微博上最热门的话题，空气重度污染的相关讨论更是达到 764 万条。北京连续 3 天空气质量指数级别为六级污染，北京市气象台发布北京气象史上首个霾橙色预警。1 月 13—27 日近半个月的时间里，北京市气象台发布了四次霾预警。这样的重度雾霾天气一直持续到 3 月份。

在微博、电视、报纸等各种媒体平台上，"十面霾伏""自强不吸"等新名词成为流行热词，环保局官员和环境生态学专家提醒民众要戴 N95 口罩出门，非必要不建议小孩和老人出门，小学生停课，建议少开窗户，减少户外运动。有研究显示，2013 年 1 月 10—16 日，雾霾事件 $PM_{2.5}$ 高暴露期导致人群因呼吸系统疾病致死的风险增加。[①]

2012 年 10 月 26 日印发的《北京市空气重污染日应急方案(暂行)》明确要求,在重度污染日,儿童、老年人和患有心脏病、肺病等易感人群应当留在室内,停止室外活动;中小学生需减少户外运动;一般人群减少户外运动和室外作业时间;为了节能减排,建议市民尽量乘坐公共交通工具,减少私家车上路行驶;夏(冬)季节空调适当调高(调低)2—4 摄氏度;加强施工扬尘管理,加大道路清扫保洁频次;排污单位控制排污工序生产,减少污染物排放。

中国气象局统计数据显示,2013 年 12 月 1—30 日,我国共出现两次较大范围的雾霾天气,主要影响华北中南部、黄淮、江淮、江南北部、华南西部及四川盆地等地。与往年同期相比,华北地区东南部、黄淮大部、江淮、江汉东部、江南地区东北部等地霾日数偏多 10 天以上。

自 2013 年之后,我国在"蓝天保卫战"方面作出了巨大的努力,除了在绿色能源、节能减排方面采取行动,也在举办一些重要的活动时加大治理力度,取得了不错的成绩,出现了"APEC 蓝""阅兵蓝"。

习近平主席是这样谈"APEC 蓝"的:

> 这几天,我每天早晨起来第一件事就是看看北京的空气质量如何,希望雾霾小一些,以便让各位远方的客人到北京时感到舒适一点。

---

① 陈晨、杜宗豪、孙庆华等:《北京二区县 2013 年 1 月雾霾事件人群呼吸系统疾病死亡风险回顾性分析》,《环境与健康杂志》2015 年第 12 期,第 1050—1054 页。

好在人努力，天帮忙，这些天北京空气质量总体好多了。不过，我也担心这话可能说早了，但愿明天天气仍然好！

这几天北京空气质量好，是我们有关地方和部门共同努力的结果，来之不易。我要感谢各位，也感谢这次会议，让我们下了更大决心来保护生态环境，这有利于我们今后把生态环境保护工作做得更好。

有人说，现在北京的蓝天是“APEC 蓝”，美好而短暂，过了这一阵就没了。我希望并相信，经过不懈努力，“APEC 蓝”能保持下去。

我是在北京长大的，我小时候北京风沙很大，出门都要戴口罩。现在，因建成了防风林带，风沙少了，但也遇到了“成长的烦恼”，遇到了 $PM_{2.5}$ 这个不速之客。

我们已经充分认识到了这个问题的严重性，也充分听到了老百姓的呼声。北京的空气质量不能靠运气，而要靠人为。

我们正在全力进行污染治理，力度之大前所未有。我希望，北京乃至全中国都能够蓝天常在、青山常在、绿水常在，让孩子们都生活在良好的生态环境之中。这是中国梦中很重要的内容。①

① 《学习小组：习近平眼中的“APEC 蓝”》，2014 年 11 月 10 日，人民网，http://politics.people.com.cn/n/2014/1110/c1001-26004055.html，最后浏览日期：2022 年 10 月 5 日。

这一时期的空气质量整体不佳，少有的蓝天也是出现在重大节日或重要活动期间，主要通过停产减排的手段实现，但扬汤止沸显然不是长久之计。

2015 年，我国 338 个城市中有 40 个达重度及以上污染，也是从这一年起，环保部(2018 年撤销，组建生态环境部)要求 338 个城市全部实时发布 $PM_{2.5}$ 数据。2016 年 10 月 18 日，北京市气象台发布霾黄色预警信号，18 日傍晚至 19 日北京大部分地区有中度霾，南部地区有重度霾。

2016 年 12 月下旬，我国北方雾霾进入最严重阶段。根据卫星监测显示，超过七分之一的国土被雾霾笼罩，在河北省石家庄市的一些监测点，$PM_{2.5}$ 指数一度突破 1 000。[①] 根据中国天气网的报道，16 日起，华北、黄淮等地遭遇 2016 年以来持续时间最长、范围广泛的雾霾天气，京津冀等地的空气出现严重污染，多地 $PM_{2.5}$ 浓度超过 500 微克/立方米。石家庄市更是出现了连续超过 50 小时的严重污染，空气质量指数(AQI 指数)频繁“爆表”。根据中新网消息，首都机场 200 余次航班取消，快递配送延迟，持续多日的大范围雾霾对交通的影响比较明显。20 日，受到浓雾影响，北京、天津、河北的多条高速公路封闭，部分城市的国省道路出现压车。

从以上历年 AQI 指数的统计情况来看，2013—2016 年的雾霾天数相对较多，公众的关注度较高。经过国家几年下大力气的蓝天保卫战，各种节能减排措施得到了有力实施，自 2017 年以来，全国的雾霾天气时间大大减少，公众能够明显感觉到蓝天越来越多，空气质量有所改善(序图 1、序表 1、序表 2)。

---

① 《中国超 1/7 国土被雾霾笼罩 部分城市 $PM_{2.5}$ 破千》，2016 年 12 月 20 日，央广网，http://news.cctv.com/2016/12/20/ARTIqSqwv1Y4wL3kntl76R0n161220.shtml，最后浏览日期：2022 年 10 月 5 日。

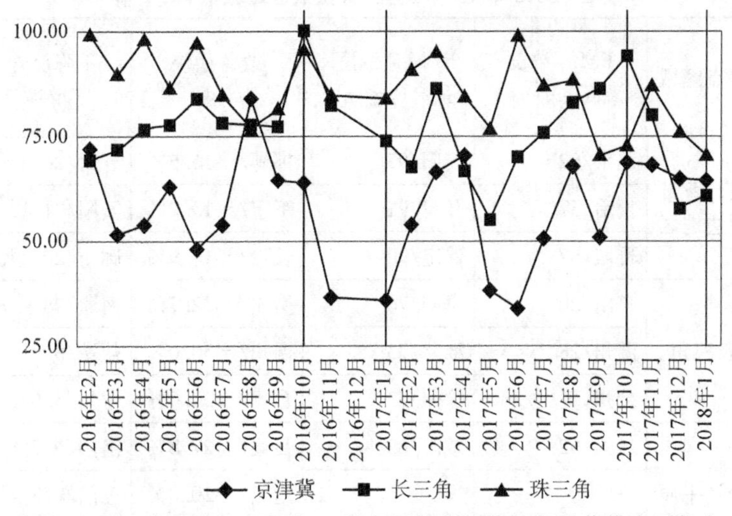

序图 1　2016 年 2 月—2018 年 1 月全国部分地区秋冬季节优良天数占比情况①

序表 1　2017 年我国空气质量情况

指标	2017 年	2013 年	变化幅度
重点城市平均优良天数占比	73.4%	66.0%	+7.4%
重点城市重污染天数	28 天	58 天	−51.72%
全国城市 $PM_{2.5}$ 浓度	43 $\mu g/m^3$	56 $\mu g/m^3$	−23.21%
全国城市 PM_{10} 浓度	75 $\mu g/m^3$	134 $\mu g/m^3$	−44.03%
全国城市平均霾日数	27.5 天	46.9 天	−41.36%

(资料来源:中国产业信息网《2018 年中国空气质量现状及雾霾治理发展趋势》)

① 《2018 年中国空气质量现状及雾霾治理发展趋势【图】》,2018 年 4 月 11 日,智研咨询网,https://www.chyxx.com/industry/201804/629140.html,最后浏览日期:2023 年 12 月 4 日。

序表 2　2018 年 10—12 月三大重点区域城市 $PM_{2.5}$ 情况

重点区域	$PM_{2.5}$ 浓度最低（μg/m³）	$PM_{2.5}$ 浓度最高（μg/m³）	改善最快/降幅	不降反升/增幅
京津冀及周边地区	北京/52	安阳/97	邯郸/－16.5%	开封/26.4%
	长治/57	开封/91	济宁/－13.2%	安阳/21.1%
	晋城/57	保定/90	长治/－10.9%	廊坊/20.4%
长三角	舟山/20	阜阳/76	衢州/－32.7%	南通/28.9%
	温州/28	淮北/73	温州/－30.0%	盐城/8.9%
	台州、黄山/28	徐州/73	台州/－30.0%	常州/5.6%
汾渭平原	吕梁/52	咸阳/85	吕梁/－27.8%	洛阳/9.7%
	—	—	运城/－20.0%	三门峡/8.1%
	—	—	渭南/－16.5%	—

（资料来源：环境部）

2018 年 6 月 27 日，经李克强总理批示，国务院印发《打赢蓝天保卫战三年行动计划》（以下简称《行动计划》），总体目标是经过三年的努力，到 2020 年，二氧化硫、氮氧化物排放总量分别比 2015 年下降 15%以上；$PM_{2.5}$ 未达标地级及以上城市浓度比 2015 年下降 18%以上，地级及以上城市空气质量优良天数比率达到 80%，重度及以上污染天数比率比 2015 年下降 25%以上。①

为了推进产业绿色发展，《行动计划》要求加快调整能源结构，构建清洁低碳高效能源体系；积极调整运输结构，发展绿色交通体系；优化产业布局、严控“两高”行业产能，调整优化产业结构，加大培育绿色环保产业；优化调整用地结构，推进面源污染处理等。

① 《打赢蓝天保卫战三年行动计划》，2018 年 6 月 27 日，中国政府网，http://www.gov.cn/gongbao/content/2018/content_5306820.htm，最后浏览日期：2023 年 3 月 1 日。

2019 年 10 月 29 日，生态环境部召开发布会表示，根据气象部门的预测结果，2019—2020 年秋冬季的气象条件相比往年不利，将面临雾霾持续时间长、覆盖范围广的情况。

2021 年发布的《2020 年大气环境气象公报》显示，2000 年以来，全国霾天气过程次数呈现“先上升再下降后趋于平稳”的变化趋势。2000—2013 年呈上升趋势，2013 年达到峰值（一年 15 次），此后至 2017 年呈下降趋势，2017—2020 年霾天气过程基本稳定在每年 5—7 次，受气象条件变化略有波动。尽管大气环境呈现向好趋势，但受不利气象条件的影响，冬季持续性、区域性霾和重污染天气过程和夏季区域性臭氧污染天气过程仍时有发生，大气污染防治措施的落实力度不能放松。①

2021 年春节期间（除夕 19 时至正月初一 6 时），受不利气象条件和燃放烟花爆竹影响，全国 339 个地级及以上城市中，有 47 个城市空气质量达到重度及以上污染级别。其中，13 个城市达到严重污染级别，京津冀及周边地区中，廊坊市的空气质量为严重污染，北京、保定、石家庄等 7 个城市为重度污染。②

2021 年 3 月，受冷空气影响，新疆南疆盆地西部、甘肃中西部、内蒙古及山西北部、河北北部、北京、天津等地出现沙尘暴天气。同年 5 月，沙尘天气卷土重来，蒙古国中西部和我国宁夏中西部、陕西北部、山西西部、京津冀多地被沙尘笼罩。5 月 6 日，北京空气污染已达严重污染，首要污染物是 PM_{10}。此次沙尘暴范围是近十年最广的一

---

① 《〈2020 年大气环境气象公报〉发布 全国霾日数继续下降》，2021 年 4 月 2 日，中国天气网，https://baijiahao.baidu.com/s?id=1695912820136748750&wfr=spider&for=pc，最后浏览日期：2022 年 10 月 5 日。

② 《生态环境部：除夕至初一期间 全国 47 个城市空气质量达到重度及以上污染级别》，2021 年 2 月 12 日，光明网，https://m.gmw.cn/baijia/2021-02/12/1302108195.html，最后浏览日期：2023 年 2 月 22 日。

次，专家认为这与全球气候变化及蒙古国的地理位置有直接关系。①

在转型期的中国，环境问题风险沟通作为一个与实践紧密结合的问题逐步进入笔者的视野。2013 年，中国环保部门公布了 $PM_{2.5}$ 空气质量指数。那个时候，整个国家在尘嚣中沟通，试图寻找减少雾霾天气的办法，探求导致雾霾的真正原因，寻找缓解公众担忧的沟通方式。对此，笔者开展了相关研究，以 2013 年的突发雾霾污染舆情为案例进行风险沟通研究。2013 年的微博舆论场对大气污染治理的讨论具有涉及主体广泛、讨论议题丰富、影响深远等特点，对政府的大气污染治理行动、大气污染治理政策的制定和施行有重要影响。

① 《沙尘天气影响多国，专家：全球气候变化难辞其咎》，2021 年 3 月 17 日，《齐鲁晚报》百家号，https://baijiahao.baidu.com/s?id=1694451589133667192&wfr=spider&for=pc，最后浏览日期：2022 年 2 月 5 日。

目录

绪 论

我们生活在一个充满风险的社会。大部分人也许记住了 1838 年英国作家狄更斯长篇小说《雾都孤儿》中的孤儿，但只把雾都当作主人公生活的背景，更不清楚 1952 年 12 月的一场大雾夺走了超过 1.2 万名伦敦人的生命，伦敦用了几十年的努力才逐渐摘掉“雾都”的帽子。大部分人可能也没有注意到 1943 年美国洛杉矶出现了第一次有记录的光化学烟雾事件，为了解决雾霾问题，洛杉矶历经 70 余年的探索。著名英剧《南方与北方》中有这样一组让人印象深刻的镜头：代表英国工业革命缩影的城市米尔顿，城内居民生活环境恶劣，河水被污染成粉红色，烟囱排放的浓烟遮天蔽日，纺织厂没有任何的防护措施，年纪轻轻的纺织女工因吸入过多的棉花絮患上肺病，最终早逝。几百年的工业革命走了一条先污染后治理的路，几代人付出了健康的代价。

21 世纪初，中国国内环境问题频发，松花江水污染事件、怒江建坝事件、厦门 PX 项目迁址事件、龙江水污染、土壤污染及雾霾空气污染等一系列环境事件都在公众中产生广泛影响。在国内环境污染严重的这段时间，全社会对环境污染都保持高度的敏感。

2022 年极端天气频现：3 月，异常的热浪袭击南亚，带来 122 年以来的最高气温；5 月，巴西东北部在一天内降下了相当于往年 22 天的降雨量，数万人流离失所；8 月，欧洲先民于大旱之年留下的“饥饿之石”[①](hunger stones)重见天日。2022 年 11 月,世界气象组织发布《2022 年全球气候状况》临时报告,指出过去 8 年可能成为有气象记录以来最热的时间段,海平面高度再创新高,冰川消融异常严重,水安全受到重大影响。[②]

这些风险社会问题涵盖众多领域,有环境风险(如大气污染、水污染、土壤污染、垃圾不分类、全球气候变化等)、科技风险(如 PX 项目污染、核泄漏、塑料颗粒污染、垃圾焚烧项目等)、公共健康风险(如食品安全、转基因食品、新冠肺炎等)等。这些风险问题与国计民生密切相关,影响范围辐射全球。

中国的雾霾最早要从 2008 年北京奥运会说起。2008 年 8 月,美国驻华大使馆在 Twitter 和其官方网站发布北京 $PM_{2.5}$ 监测数据。2012 年 6 月 5 日,在第 41 个“世界环境日”当天,时任环保部副部长吴晓青在国务院新闻办召开新闻发布会,就“外国驻华使领馆开展对我国 $PM_{2.5}$ 监测并且发布数据”一事作出强烈回应,认为美国驻华大使馆“这样做在技术上既不符合国际通行的要求,也不符合中国的要求,既不严谨,也不规范”。[③] 站在当年政府的立场上,这样的回应没有错。

---

① “饥饿之石”的历史由来已久,欧洲最早的一块“饥饿之石”可以追溯到 400 多年前。古时候,每当一个地方发生大旱,河水干涸露出河床以后,当地人都会在石头、石碑上刻上文字,记录那一年发生的旱情,同时也为了警醒世人,当后人再一次看到,就说明饥饿和灾难再一次降临人间。参见《欧洲“饥饿之石”现世,500 年一遇的旱灾已经到来,问题多严重?》,2022 年 8 月 23 日,奇点使者百家号,https://baijiahao.baidu.com/s?id=1741953246137273885&wfr=spider&for=pc,最后浏览日期:2023 年 2 月 1 日。

② 《WMO 发布〈2022 年全球气候状况〉临时报告 过去八年或为有记录以来最热八年》,2022 年 11 月 28 日,上海市气象局,http://sh.cma.gov.cn/sh/qxkp/qhbh/zhykp/202211/t20221128_5199666.html,最后浏览日期:2023 年 2 月 1 日。

③ 《环保部解释 $PM_{2.5}$ 数据:中国与别国日均值标准不同》,2012 年 6 月 6 日,海口网,http://www.hkwb.net/news/content/2012-06/06/content_774252.htm?node=107,最后浏览日期:2023 年 4 月 26 日。

那时，我国国内民众对雾霾基本没有认知。在 20 世纪 80 年代之前，我国上到政府，下到民众，对空气污染的认知仍保持在大颗粒的阶段，只有少数专家了解 PM_{10} 与 $PM_{2.5}$ 的区别，民众无法预料这一数据的公布即将引发的一系列连锁反应。

根据美国大使馆发布的 $PM_{2.5}$ 数据，美国自行车车手鲍比·李和三名队友戴着口罩抵达北京首都机场，许多国人觉得受到了"冒犯和羞辱"，骂声一片。彼时，国人对空气污染的认知还停留在沙尘暴阶段，认为空气污染是很快就能治理好的环境问题，用不着小题大做。毋庸置疑，当时中美两国无论是政府间和民间，在环境污染问题及治理上都有较大分歧。

当然，美国运动员戴口罩抵京一事引起了我国环保部门的重视。从 2008 年开始，我国相关环保部门开始进行 $PM_{2.5}$ 的数据收集工作，但考虑到我国大部分城市空气污染严重，公布 $PM_{2.5}$ 数据可能导致更大的治理风险产生，直到 2011 年底，相关数据一直未得到公开。这就导致公众没有获知相关信息的权威渠道，也没有与政府部门沟通的渠道。另外，2012 年以前，地方政府为了发展经济并没有大力配合雾霾治理，环保部门的环境治理工作进展较为缓慢。

2009 年，新浪微博试运营。根据 2020 年微博的第一季度年报，微博作为第一舆论场的发展势头依然强劲，并在第一季度的单季用户数增长方面创下历史新高：微博月活跃用户达 5.5 亿人，日活跃用户达 2.41 亿人，与 2019 年同期相比分别增长 8 500 万人和 3 800 万人。[①] 社交媒体的发展给社会治理带来挑战与机遇。

舆论对治理和动员的积极意义不应完全被负面效应遮蔽。从

① 《微博发布 2020 年第一季度财报》，2020 年 5 月 18 日，新浪财经，https://baijiahao.baidu.com/s?id=1667113294758387867&wfr=spider&for=pc，最后浏览日期：2023 年 1 月 1 日。

"管理"到"治理"思维的转变是执政党理念的重大转变和发展，风险沟通必然在现代社会治理体系中发挥更大的作用。治理的核心是以党和政府为中心，吸引更多的主体参与治理进程，通过参与协商提高社会治理的效率。其中，舆论作为公众参与的重要表现形式，在治理进程中应发挥更重要的作用。这正是本书的主题。

为了帮助读者理解本书内容，笔者基于前文的逻辑概述本书的结构和内容。首先，优势意见的导向是本书的分析重点。第一章对舆论、风险社会、现代治理等理论进行了系统性梳理，并将研究目光对准了中国。第二章以一个案例全面而深刻地剖析了舆论的具体阶段走向和舆论的具体议题。2013 年的雾霾风险舆论是近几年讨论最热烈也是最有代表性的一个典型案例。当然，这也是对笔者博士论文关键部分的凝练，即舆论话语中充满了感性与理性的混杂，处于价值主张最无序的语境下，人们的情绪会随着舆情监测数据的"爆表"而随时"爆炸"。这一章采用了描述的角度，从分析结果来看，大气污染治理中的舆论优势意见是较为理性的，具有一定的建设性。

其次，在对舆论进行描述分析的基础上，笔者从社会网络分析的视角分析了优势意见的形成机制。第三章进一步剖析舆论关键主体与优势意见的关联网络。社交媒体的发展构建了新的线上网络社会，尽管众声喧哗，但最终透过网络可以发现，很多人处于跟随状态。也就是说，如果是一个人说话，很有可能没人在意你说什么，但如果一个人说话时有很多人表达认同或反对，就很容易引发热议。这就是网络中"权力"的表现。话语权不是掌握在一般网民手中，而是被关键节点掌握。节点既可以是个体的人，也可以是机构。第四章可视化地呈现了多元主体（非政府主导）形成的"核心层—中间层—边缘层"网络圈层风险扩散结构。笔者发现，即使都发布了有影响力的微博，节点所处的网络结构仍有显著差异：几家主流媒体和几名"大

V”依然是最重要的信息发布者和舆论引导者，但“大 V”的沟通互动倾向要明显高于主流媒体。这对互联网舆论导向治理很关键。

在了解舆论的具体讨论焦点和相应的关键讨论者之后，笔者进行了下一步的归因分析，即为什么这些讨论者会关注这些维度，而不是其他问题。鉴于此，第四章主要是对舆论点与舆论主体进行耦合关联分析，毕竟哪些点会被热捧，哪些舆论点会被冷落或忽视不完全是偶然因素，有很多必然因素在其中发挥着支配作用。

第二至四章的难点还体现在数据收集问题上。例如，先挖掘用户还是先挖掘信息。现有的数据挖掘支持技术都是选择先挖掘用户，再挖掘这些用户发布的微博文本，然后通过信息筛选获得关键用户及关键微博文本。然而，突发公共事件的数据挖掘要遵循先检索“主题文本”再通过文本查找相应发布者的检索模式。鉴于此，笔者认为运用网络分析思维，使用人工进行主题和发布者滚雪球式关联检索的方法仍然是最为合适的。在具体操作中，先对相关主题微博进行检索，评估主体在雾霾这一议题上的影响力，并根据微博的评论、转发数量制定本研究的选取标准。这一工作的工作量非常大，采用人工滚雪球的方式检索非常耗时，但好在微博的资源呈幂律分布，即所谓的“结构性不平等”，极少数个体掌握着绝大多数的“社会资本”。这就意味着少数群体掌握着话语权，也证明社交媒体中少数关键用户的典型性存在。第二至四章收集的原始数据主要包括关键风险内容数据、关键参与个体数据、应急处理数据。数据之间的关系如图 1 所示。

同时，公共舆论的效果研究值得进一步探究。2013 年公共舆论的理性价值及风险归因是否会对以后几年的政府大气治理政策的制定有帮助呢？在近十年的风险沟通过程中，专家、科学研究成果与政府的治理措施又形成了怎样的支持关系？这些问题不容忽视。近十

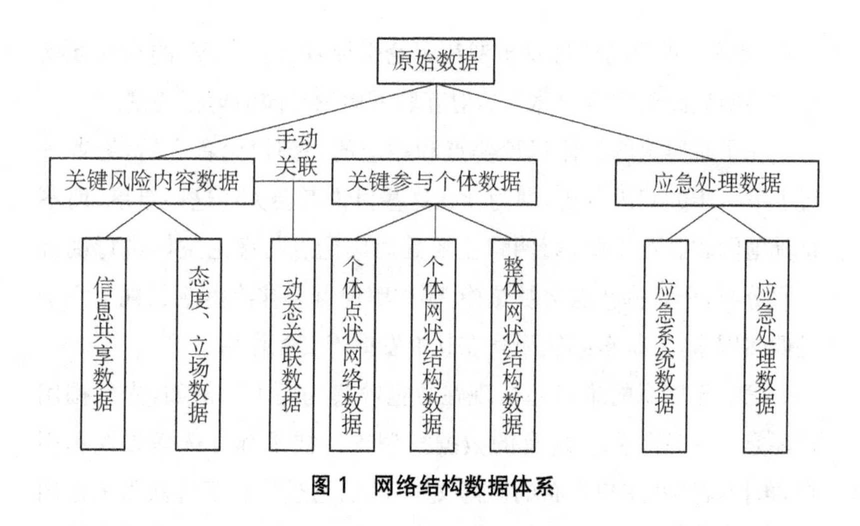

图 1　网络结构数据体系

年时间里，大气治理取得显著成效，国家又推出“碳达峰”和“碳中和”（简称“双碳”）的伟大战略。这一战略对大气治理是一个很好的承接，在“碳达峰”“碳中和”等绿色革命的背景下，相关部门要有效进行绿色生活方式和消费方式的动员，只有这样才能下好这盘民族复兴的大棋。

为了解决第三个问题，也就是研究后续的影响，笔者进行了长达十年的历时观察。一方面，是在网上观察新闻报道，跟踪社交媒体舆论；另一方面，是在日常生活中与普通人交谈，了解他们对绿色低碳能源结构和消费行为的态度。除此之外，笔者还花了一些时间统计政府的治理措施及成效、学者的研究成果及其影响。

第五章对舆论影响绿色低碳政策变迁的维度进行辩证分析，如舆论与政策变迁的逻辑关系、舆论如何助推政府决策的导向发生转变等，并结合案例进行了深入的分析。

第六章进一步讨论了绿色低碳发展观的认同及绿色低碳的动员问题。绿色发展是中华民族的朴素自然观，但快速工业化造成了生态危机的加剧。为了应对这一生态危机，世界范围内的全球气候治理体系都在博弈中艰难前行，不同国家传播的议题也会依据其自身的价值观和发展阶段而设置不同的议题框架。在绿色发展观和气候治理体系的构建过程中，作为一个传播学者，笔者或多或少有一些本位的关怀。因为仅仅依靠政府和媒体是远远不够的，在社区、乡村进行绿色低碳动员，必须建立多方协同科普动员的框架，并发挥主流媒体的作用。

绿色低碳的发展观是全社会乃至全世界的共同认知，但目前与人们的日常生活的距离较远。要真正建成绿色低碳社会，完成到2030年“碳达峰”的国际承诺，绿色生产方式和消费方式的动员就成为重要的动力来源。然而，这个历史使命的完成不是一个人的战斗，甚至不是一国政府的努力就能完成的工作，一个多方协同的嵌入式绿色治理框架必须建立起来，并形成社会共识。希望本书能为大众舆论反映、政府积极协商治理、多方协同科普动员作出一些贡献。

/ 第一章 /

舆论与风险社会治理

农业革命历经万余年,工业革命历经两百六十余年,绿色文明是全球正在经历的重要文明阶段,但留给绿色革命的时间相当紧迫。人们正走在通往绿色文明的路上,这一过程中充满了风险,从21世纪初开始经历“气候变化—大气治理—气候变化—‘双碳’”的讨论历程,并在舆论议题上呈现阶段性特征。雾霾治理并不是一件简单的事情,也不是一两年就能治理好的事情。这样一个看似简单的结论,普通民众用了几年的时间来认识和接受。这一认知接受过程中的风险传播、大气治理与“双碳”战略组成了一个紧密结合的复杂系统。

第一节　风险社会中的中国议题

各种风险事件已然成为全球“社会结构中的公众论题”,[①]这一论题远远超越了人类有限的日常生活范围内的个人困扰,将一个更宏

① [美]C. 赖特·米尔斯:《社会学的想象力》(第二版),陈强、张永强译,生活·读书·新知三联书店2005年版,第6页。

观的社会和历史生活结构问题推向前台。

一、中国应用可能长期处于风险社会之中的危机感

西方提出“风险社会”的社会语境是值得关注的。欧美发达国家经过几百年的工业发展，积累了巨大的社会财富，社会生产力发展到相对较高的水平，温饱问题成为次要，人们开始关注如何高质量地活着。当然，发达国家在过去几百年的工业化进程中，也有污水横流、空气刺鼻难闻的经历，但当时的信息化和全球化程度无法与今日相提并论，风险管理的难度也相对较低。

首先，风险社会有其工业化背景。德国著名学者乌尔里希·贝克(Ulrich Beck)是在西方工业社会的语境下提出“风险社会”并引发全球关注的，它被用来描述现代科技引发生态风险灾难的可能性。工业社会主要围绕物质财富的生产与分配运转，主要解决饥饿和一般的物质需要问题。风险社会则不同，其中的饥饿问题得到了一定程度的解决，物质生产和财富积累不再具有超越其他一切问题的紧迫性，“‘超重’的问题代替了饥饿的问题”，[①]人们把一部分精力投入关注财富生产所带来的副作用的层面上，如工业生产带来的工业污染和科技发展带来的一系列风险性问题。

风险是工业社会的产物，是不确定、掠夺、冒险、转嫁等的代名词，也是由人类社会制造出来的客观实际，但这种客观实际与人们的主观风险感知没有必然联系。贝克认为，风险借助知识变换面貌，可以被改变、缩小、渲染或淡化。某种程度上说，风险公开接受社会的

---

① [德]乌尔里希·贝克：《风险社会：新的现代性之路》，张文杰、何博闻译，译林出版社2022年版，第18页。

界定和建构。[①] 现代社会的客观风险评估掌握在少数专家的手中，专家通过一定的测量值和标准来评估风险发生的概率和危机程度，但公众感受的风险主观随意性较强，受情绪影响较大。当主客观之间的鸿沟日渐扩大，风险沟通的难度也越来越大。

其次，风险沟通有自身的机制。与发达国家不同，绝大多数的发展中国家目前仍在通过工业化进程解决饥饿问题。我国是发展中国家，这是由我国的经济发展阶段和水平决定的。通过40余年的改革开放，我国在经济发展方面取得了惊人的成就，并同时经历着工业化、信息化等工业革命过程，在环境和健康领域作出的牺牲也是非常巨大的。纵观历史，我国社会发展到现在这个阶段，不可避免地会出现风险社会中的风险问题。

现代化席卷全球，中国在向现代化快速迈进的过程中面临着多发的环境问题、公共卫生健康问题，雾霾空气污染、沙尘暴、日本福岛核泄漏与核污水排放、新冠肺炎病毒全球肆虐、猴痘病毒有扩散苗头等一系列风险事件都在公众中产生了影响。人与自然、人与人、国家与国家之间的关系蕴含着种种不确定性，风险沟通已经成为当前学术界的一个前沿课题，也是国家治理现代化的一个重要课题。

二、传统社会的风险观及沟通模式

学界对于"风险"(risk)这个词关注的时间较早，尤其是在风险管理、风险评估、风险决策等方面的研究已经形成了相对成熟的体系。

---

① [德]乌尔里希·贝克：《风险社会：新的现代性之路》，张文杰、何博闻译，译林出版社2022年版，第18页。

笔者在进行文献整理后,发现学术界主要从以下四个方面对传统风险进行了研究。

一是风险“实体损失观”。人类文化在较恶劣的自然环境中产生,并形成了特定的社会历史文化。传统的风险观是以“损失”为核心要素进行构建的,传统风险就是实际收益结果与预期收益的一种偏差。比如,投资风险指投资主体为实现其投资目的而对未来经营、财务活动可能造成的亏损或破产所承担的危险的可能性。

二是可度量的风险观。总体来说,传统社会认为风险是静态的。静态风险主要指自然灾害和意外事故导致的可能性损失,自然灾害,如地震、洪水、台风、干旱等造成的人力和物质损失是可以计算的。在银行和保险公司的风险管理和决策中,虽然个别损失可能不同,但整体上的风险损失总值会在一个可计量的范围内,并且基本保证盈利性。

三是突出风险的客观存在性,忽视主观认知性。按照学术界认可的解释,风险具有客观性,不依赖于人们的主观认知而存在。可知论认为,人们对事物是可以认知的,按照这个思维推论,占有优势资源的政府人员、科学家、专家等对事物的认知程度更深,他们可以借助所掌握的知识直接界定风险并评估风险的严重程度而忽略一般大众。

四是传统风险强调价值理性和工具理性,忽视情感。通俗来说,价值理性就是将注意力集中在行为本身的经济价值上,而不在乎该行为是否有悖社会公平、正义、伦理道德,甚至为了获得经济价值不计后果,只在乎结果。工具理性与之类似,被行为的功利所驱使,追求效率和效果最大化,漠视人的情感。

总体上来说,传统社会传播的线性模式较为生硬,对民众的风险感知、风险情绪等问题有所忽视，风险沟通的效果大打折扣。从管理的视角来看，风险沟通可以分为自上而下的风险沟通和自下而上的风险沟通。①

首先，自上而下的风险沟通模式也称为核心网络，是以决策者(政府)为核心建立起来的网络。政府在社会风险沟通系统中发挥着核心作用，这一地位的确立主要是因为政府是行动的重要执行者。政府通过监管制度整合、约束专家、媒体和非政府组织(non-governmental organization，简称NGO)的风险沟通行为。在核心网络中，专家和媒体是政府风险资源配置中的重要角色。

政府部门对事件的风险程度和风险影响的评估工作主要是通过专家完成的。专家在风险事件的处理过程中以"政府代言人"的身份接受媒体采访，并成为媒体新闻报道的重要新闻来源，影响着媒体的议程设置。

从风险管理的角度来看，政府作为管理者，在信息公开机制、民主参与机制、风险归责与评估机制等方面仍不完善，应加强与媒体的沟通交流。② 媒体是政府与公众进行风险沟通的桥梁，在公共事件发生时，它承担着环境监测和舆论监督的功能。2009年5月5日，时任香港特首曾荫权对媒体发言，请求各界理解并配合政府针对甲型H1N1流感进行防范并制定治理措施。2009年5月8日，在甲型H1N1流感的防控健康教育和风险沟通过程中，国家卫生部新闻办联合健康教育中心和中国疾病预防控制中心的有关专家召开媒体会议，媒体成为卫生疾控部门风险沟通的合作伙伴，这一举措取得了良

---

① 唐钧：《风险沟通的管理视角》，《中国人民大学学报》2009年第5期，第33—39页。

② 林爱珺、吴转转：《风险沟通研究述评》，《现代传播(中国传媒大学学报)》2011年第3期，第36—41页。

好的风险沟通效果。[1] 此外，媒体也是公众利益诉求的表达者，通过议程设置来反映公众的风险信息需求、风险感知和政治诉求。在传统媒体时代，政府管理部门和媒体在风险传播中占据重要位置，而媒体可以直接影响公众对风险信息的了解程度。媒体如何构建风险框架是传播学进行风险沟通和危机沟通研究的一个重点。具体而言，媒介接触通过影响公众的信息掌握程度，进而影响公众的风险认知。

其次，由下而上的网络或平等沟通的网络模式也被称为次网络。专家是媒体的重要信息源。媒体、专家和 NGO 因为共同的社会环境监督职责，在一些环境问题的风险沟通中密切合作，推动议题向更有利于社会进步的方向发展。次网络的主要形成原因在于个体与政府进行沟通与表达诉求的通道并不总是有效的。当前普通民众缺乏一定的政治参与渠道，政府对公众的参与和表达诉求的回应有限，有时沟通不畅会导致公众对网络民主的影响力产生怀疑。与以政府管理部门为核心的网络相比，次网络虽然能发挥一定作用，但仍然处于弱势。总体上来说，线性模式较为生硬，较少关注到民众的风险感知、风险情绪等问题，导致风险沟通的效果大打折扣。

在自下而上的风险沟通模式中，专家可以利用媒体将意见放大。蕾切尔·卡森针对 DDT（双对氯苯基三氯乙烷）进行的科学研究一度引起轰动，原因是她所著的《寂静的春天》一书中的内容在《纽约时报》和《纽约客》上发表，引起美国公众的强烈反响，并在全社会引发巨大争议。卡森兼有科学家和环保人士的双重身份，她在研究过程中得到了著名生物学家、化学家、病理学家和昆虫学家的帮助。在厦

① 罗健：《甲型 H1N1 流感防控健康教育和风险沟通工作研讨会在卫生部召开》，2009 年 5 月 8 日，中国健康教育网，https://www.cche.org.cn/cms/cmsadmin/infopub/infopre.jsp?pubtype=D&pubpath=portal&infoid=1547386195348725&templetid=1541993432262780&channelcode=A0903020206，最后浏览日期：2023 年 4 月 5 日。

门PX项目迁址的社会动员中,厦门大学中国科学院院士赵玉芬等学者扮演了重要的“谏言”角色。在向厦门市政府反映情况遭到拒绝后,他们在2007年“两会”期间以全国政协委员的身份,联合其他104名政协委员提交了“关于厦门海沧PX项目迁址建议的提案”,《南方日报》等多家媒体对此事进行了报道。[①] 这一传统媒体的报道通过网络进行扩散,对事件的走向发挥了关键作用。

三、不同风险沟通阶段中的公众

在关于风险沟通的历史变迁研究中,有学者将美国的风险沟通分为四个发展阶段:简单地忽略公众的阶段、科学传播阶段、与利益相关者互动沟通的阶段、与全公众互动沟通的阶段。[②] 传统的风险沟通往往就停留在第一和第二个比较初级的阶段。

第一阶段是简单地忽略公众的阶段。这个阶段是前风险沟通阶段,我国在1985年以前基本维持在这种状态。在20世纪七八十年代,美国政府和科学家处于权威的位置,政府管理部门是风险信息的权威发布者,在信息源中占据绝大部分比例,他们认为“公众是无知的、非理性的”。为了增强公众对政府和科学团体的信任,政府加强了有关科学知识的普及工作,即“公众理解科学”运动。该运动的前提是认为公众是无知的,对科学缺乏理解,主张通过科学传播增强公众对科学的理解。有研究结果证明,这种方式有一定效果,但没有达

① 周虎城:《没有民意基础的决策需慎行》,2007年5月31日,新浪网,http://finance.sina.com.cn/review/20070531/14073649101.shtml,最后浏览日期:2021年5月20日。

② V. Covello, P. M. Sandman, “Risk Communication: Evolution and Revolution,” in A. Wolbarst, *Solution to an Environment in Peril*, Johns Hopkins University Press, 2001, pp. 164 – 178.

到预期的目的。公众对科学理解的增加并没有改变他们对科学和风险的认知态度，公众仍不断地寻求环境知情权和政策参与的权利来摆脱既存权威的控制，并表达了被排除在环境政策之外的愤怒。

第二阶段是科学传播阶段。科学传播阶段也被研究者称为"缺失模型"(deficit model)，是真正进入风险沟通的第一层次。政府管理部门和科学家主要从处理公共关系的角度开始学着面对公众，试着更好地解释风险数据和更好地应对媒体。研究者沿着"区分目标群体—设计有效信息—使用正确渠道"的路径进行风险沟通的研究。但问题是，在有异常情绪化的情况下，即使再好地解释数据，也不能将情绪化的公众转变成平和与见多识广的公众。

第二节　社交媒体时代的风险沟通

社交媒体的网络互动关系是将传统社会关系迁移到社交媒体中，并因为网络对弱者传播力的"赋权"而呈现出新特征。2010 年被称为"微博元年"，到 2011 年底，中国 5 亿名网民中有近一半是微博用户。微博在这个时期变成意见领袖的聚集地。同时，意见领袖的作用重新被重视，许多政府部门、媒体也纷纷开设了微博账号。它们一起搅动舆论潮流，极大地激发了公众参与讨论公共事务的热情。至此，微博成为人们讨论公共事件的重要舆论场。

一、微博平台的关系社会

微博之所以能够成为公共场域，很大程度上得益于其开放的社交网络结构。结构分析的出现是一场科学革命开始的标志，同时宣布了“关系社会学”的诞生。[①] 曼纽尔·卡斯特在《网络社会的崛起》一书中指出：

> 我们对横越人类诸活动与经验领域之社会结构的探察，得出一个综合性的结论：作为一种历史趋势，信息时代的支配性功能与过程日益以网络组织起来。网络建构了我们社会的新形态，而网络化逻辑的扩散实质地改变了生产、经验、权力与文化过程中的操作和结果……在网络中现身或缺席，以及每个网络相对于其他网络的动态关系，都是我们社会中支配与变迁的关键根源，因此我们可以称这个社会为网络社会(the network society)，其特征在于社会形态胜于社会行动的优越性。[②]

卡斯特对网络社会的划分是从新的信息技术开始的。随着互联网的普及，人类已有的金字塔式组织结构正在被共享知识资源的平等网络结构代替，网络社会更加倾向于“自组织”的结构形态。这一结构允许用户随心所欲地关注自己想要关注的人或组织，无须经过对方同意就可以根据讨论需要自由地“@”其他人，依靠其他人的知名度来增强自身话题的影响力。这一开放的结构特征与微信不同。微信是半开放的社交网络结构，如果不是朋友，则很难看到其他人的朋友圈的信息。这种网络结构导致很多公共话题只是在圈层中扩散，很难形成全民讨论。

---

① Mustafa Emirbayer, “Manifesto for a Relational Sociology,” *American Journal of Sociology*, 1997, 103, pp. 281 - 317.

② [美]曼纽尔·卡斯特:《网络社会的崛起》，夏铸九、王志弘等译，社会科学文献出版社2001年版，第434页。

社交媒体将社会关系网络以可视化、可建构化的方式呈现在世人面前。社交媒体提供了跨层级信息流动的平台，社会化媒体的这些结构特征使得一些国家将其视为政府应急系统的重要组成部分。对于处于风险沟通机制尚不健全的社会来说，政府游刃有余地面对一个全新的社交网络的风险舆论场，并做好风险知识传播、风险分歧管控、风险治理措辞准确等是非常困难的。

除此之外，还必须注意到的是，微博作为社交媒体的风险信息扩散渠道具有复杂的网络结构，每一名用户都可被称为节点。节点之间相互联系，便组成了复杂的网络系统。风险知识传播、风险信息增加、风险舆论发酵都是以复杂的网络结构为基础的，所以社交媒体的风险治理必须遵循其复杂网络结构的扩散规律，这样才能事半功倍。

二、社交媒体促使现代风险理念形成

社交媒体平台建构了一个人人可参与、人人可表达的话语空间，主观与客观、虚假与真实在爆料、真相、反转的过程中不断被建构。某种意义上而言，“后真相”时代人们对主观表达的执着甚至超过了对获知真相的坚持。正因为人们对风险感知的主观性较强，并由此产生了巨大的行动力，现代风险沟通应运而生。

当前，风险认知及风险观的建构也进入了新的阶段。自 1992 年乌尔里希·贝克提出“风险社会”的概念后，学界就将其作为界定传统风险与现代风险的分水岭。风险社会意味着一个全新时代的来临，用以指称现代化发展必然进入的一种新的社会状态。旧有的社会运作机制和社会秩序被打乱，或者说不再能高效地处理风险社会遇到的问题。这就意味着新的社会运作机制、新的风险社会理论都亟待讨论，用以解决新的话语情境下的风险问题。

在信息全球化的背景下，现代风险呈现出以下四个方面的特征。

第一，风险是人为制造出来的。贝克特别强调，现代风险社会中的风险与以往界定中的风险形式不同，现代化风险人为制造的痕迹明显。人们为了推动现代经济、技术发展和政治、经济利益的最大化，就会导致现代风险的出现。面对可能的侵害，人们会愤怒并据此展开有巨大破坏力的行动。

第二，风险具有不确定性。首先是时间上的不确定，如转基因技术、试管婴儿、计量较小的核辐射等，人们在短期之内可能很难看到影响力，需要经历一代人或几十年才能显现出结果。其次是情感上的不确定，风险感知世界里的信息真假混杂，人们大多时候抱着“宁可信其有，不可信其无”的态度。

第三，风险具有认知建构属性。风险是一种认知或理解的形式，人们利用自身的信息社会支持网、情感支持网等来建构风险，而情感风险很难用工具来计算。通常，风险感知在贫穷地区要弱得多，因为在饥饿导致的有形死亡威胁和有毒化学物质导致的无形死亡威胁的竞争中，战胜物质匮乏的愿望显然大获全胜。

第四，风险呈现全球化影响。自工业革命以来，人们发明的新技术、新机器，赢得的新资本，在创造力和破坏力方面的表现都是惊人的。比如，人们为了发展不惜释放大量二氧化碳，导致温室效应和臭氧层空洞。又如，切尔诺贝利核电站泄漏造成了无法挽回的影响，大量被影响的人和动物出现基因突变导致的畸形。再如，日本福岛核电站泄漏之后，2023 年日本政府提出将核废水排到太平洋，这对太平洋生物和人类可能造成的影响仍无法预估。这些现象造成的影响在目前的科学技术水平下很难被评估和测量，所以人们对风险充满了质疑和焦虑。综上，现代风险观认为，现代风险的本质是客观存在与主观认知的不一致状态，是两者的结合体。

风险沟通的最早提出源于美国的一次环境风险事件。1983年，华盛顿港口城市塔科马发生砷空气污染排放超标，严重影响了当地人的健康，公众和环保组织对此向美国环保署提出强烈抗议。在事件的风险决策中，美国首任环保署署长威廉·洛克绍斯（William Ruckelshaus）提出了风险沟通（risk communication）的概念，并引发广泛关注。1986年，美国首届风险沟通全国研讨会在华盛顿举行，标志着风险沟通领域开始走向成熟。1989年，美国国家研究委员会（National Research Council）和国家科学院（National Academy of Science）出版《风险沟通提升》一书，对"风险沟通"进行了界定："在个体、群体和机构之间的信息和观点的交互活动，不仅传递风险信息，还包括各方对风险的关注和反应，并发布官方在风险管理方面的政策和措施。"[①]这一界定得到了很多研究者的赞同。

1992年，EPA（Environmental Protection Agency，美国环境保护署）公布了一项重要的政策指导，即"风险沟通的七项基本规则"（Seven Cardinal Rules of Risk Communication）：

① 接受公众并使其作为合法的合作伙伴参与其中。

（Accept and involve the public as a legitimate partner.）

② 仔细计划并评估你的举措。

（Plan carefully and evaluate your efforts.）

③ 倾听公众的具体关切。

（Listen to the public's specific concerns.）

④ 诚实、坦率、开放。

（Be honest, frank, and open.）

---

① National Research Council, National Academy of Sciences, *Improving Risk Communication*, National Academy Press, 1989, p.21.

⑤ 与其他可靠来源协调合作。

(Coordinate and collaborate with other credible sources.)

⑥ 满足媒体需求。

(Meet the needs of the media.)

⑦ 说话要清晰且富有同情心。

(Speak clearly and with compassion.)[①]

此后,风险沟通进入了风险沟通的第三阶段——与利益相关者的互动沟通阶段。[②] 这一阶段的风险沟通显现出重视与公众及团体互动的倾向,关注与社区间的对话,特别是与有兴趣对该话题保持关注的利益相关者。公众参与成为当时美国环境影响评价的重要程序之一,环境项目开发商不得不与当地作为利益相关者的公众进行友好的沟通,以赢得他们的信任。从成效和可操作性来看,这一阶段的风险沟通研究是现阶段研究的重点。

传统的风险沟通研究路径一般是从风险管理的角度出发,忽略了舆论在时间维度上的动态演化过程和多种表达主体间的联系。[③] 然而,在微博这种自由、开放的公共空间里,网络社会的舆论生成与演变的网络结构清晰可见,环境危机议题舆论的生成原因和变化的过程都可以被准确地发现和剖析,风险放大站依循网络社会释放的复杂矩阵进行互动。

---

① 《Seven Cardinal Rules of Risk Communication》,1992 年 5 月,EPA,https://search.epa.gov/epasearch/? querytext=Seven+Cardinal+Rules+of+Risk+Communication&areaname=&areacontacts=&areasearchurl=&typeofsearch=epa&result_template=#/,最后浏览日期:2023 年 1 月 1 日。

② V. Covello, P. M. Sandman, *Risk Communication: Evolution and Revolution Solutions to an Environment in Peril*, Johns Hopkins University Press, 2001, p. 8.

③ 周葆华:《出圈与折叠:2020 年网络热点事件的舆论特征及对内容生产的意义》,《新闻界》2021 年第 3 期,第 21—27 页。

很明显，当今的媒介系统基本形成了大众传播网络、社交媒体网络和线下人际传播网络三个系统，系统之间会进行信息流动、裂变、扩散与再生成。然而，传统的传播模式需要进一步创新。本章在借鉴上述传播模式的基础上，尝试在三个系统之间建构复杂的网络传播模式，提高传播模式的解释能力。

第三节 风险社会的治理之道

本节回到人类沟通交流的起点，寻找和确认沟通、对话的初心，探究沟通、对话的本质。在远古人类社会，沟通早已有之。有研究发现，在语言产生之前，人与人之间、部族与部族之间很早就开始使用肢体语言、绘画、自然界的符号等方式进行交流。

沟通是人类社会组织的基本特征和活动之一，没有沟通就没有人类社会。社会是由人们通过互相沟通所维持的关系组成的网，人们通过交流与周围环境保持联系，交流、对话是人类文明进步的动力。比如，历史上著名的郑和下西洋，其主要的一个目的就是通过珠宝、瓷器等器物的贸易交流加强各国间的沟通联系。

一、沟通方式变革与网络舆情治理

治理的本质就是在沟通协商的基础上建立一个和谐社会。儒家的和谐思想讲究人与自然、人与社会、个人自身三重关系的和谐统一。儒家“和”的思想由来已久，儒家将“和”视为处理关系的一条准则。孔子曰：“君子和而不同，小人同而不和。”荀子提出：“上不失天时，下不失地利，中得人和，而百事不废。”孟子的“天时不如地利，地利不如人和”也与孔子、荀子有一脉相通之处。中国在处理国际关系时遵循的“和而不同”的思想也是儒家思想的运用。因此,沟通的本质在于“人和”,终极目的是追求和谐。要达到这一目标,必须注意处理各方关系,并注意各方关系的协同。

人们建立和维护社会关系是通过建构社会网络来实现的。人生活在一个社会中,就处于各种关系的包围之下。人们在各种关系中获得信息和感情支持,不同文化和价值观的沟通都是在对话、妥协与对抗中交织向前的。不同性质的社会关系能够提供不同类型的社会支持。

进入互联网时代,一些情绪极化、易走极端的人有了集结的空间,很小的事件一旦成为导火索便易于与固有的社会结构矛盾结合,很容易引发舆情。如果不加以有效引导,舆情容易走向极化,倒逼网络舆情治理的沟通方式变革。将风险沟通纳入社会治理体系,意味着各层级政府对社会治理应有更深层次的认知,即把社会治理引向更加高效的方向。

因此,有温度的沟通,提供及时、简要、准确、可信、连贯、一致的关键信息是风险沟通必须遵循的原则。

首先,在这些原则中,“有温度的沟通”被放在风险沟通的首位,它是创新舆情应对手段的重要方式。具体而言,部门或机构要第一时间了解当事人的具体关切和诉求,处理各种纠纷时要有人文精神,具备与当事人共情的能力,能够同情、安慰并疏导其心理状态,满足其合理要求。有温度的沟通往往是降低舆情的最直接手段,尤其是在第一时间、第一现场的问题处理过程当中。冷冰冰、推卸责任的沟通方式会引发对方的愤怒,推动舆情的发生,并使自身在整个舆情中居于被动。

其次,是提供及时、简要的关键信息。权威部门要第一时间公布事件的准确细节及当前的调查进展，并及时向媒体通报。有些主管部门出于种种考虑，没有在事件发生的第一时间及时公布事件的调查进展，导致其在舆情处理中居于被动地位，议程设置的主动权被放弃。除非出现重大反转，否则很难改变权威部门在舆论中的被动地位。需要注意的是，第一时间公布信息不一定意味着要公布处理决定或赔偿决定。

最后，是提供准确、可信的关键信息。政府和主流媒体要坚持核查事实，"假话一句都不说"是最基本的准则，不断提供新的可信信息才能引导话题的走向。充分的争论尽管会在单次事件中发酵较长时间，但会使同类事件在短时间内再次引发舆情的可能性降低。如果没有充分的讨论，同类事件在短时间内再次引发舆情的可能性将大大增加。

二、情感、信任与命运共同体

突发风险事件挑战了社会和个体的既有应对机制。突发风险事件导致的恐慌，其危害程度远远大于风险事件本身。尤其在面对从未遭遇过的污染、病毒、有害气体泄漏、自然灾害等情况，个体会凭借本能寻求庇护和救赎，甚至是道听途说的解决方法。此时，人们最需要的就是来自权威机构和亲朋好友的信息支持、情感支持和物质支持，以此来了解事态，获得情感上的安慰，方能以理性看待事件。

情感支持是社会支持非常重要的组成部分，很多学者甚至支持这样一种观点，即主观情感支持的意义要大于物质支持。主观经验会在人的大脑中建立起主观事实，尽管主观事实未必就是事实，或者在多数时候，人们明明知道眼前发生的不是客观事实，但相关信息仍然作为重要的中介变量影响着人的行为。

需要强调的是，社会关系网络能够提供这样的社会支持。社会支持是一个人通过社会联系获得的减轻心理应激反应、缓解精神紧张状态等帮助。社会支持分为两个层面：一方面是一般的可见或实际的物质支持，另一方面是主观的、感受到的情感支持。情感是人们面对客观事物刺激而产生的一种心理反应，带有强烈的主观感受和意象。比如，2011 年，面对日本福岛核泄漏引发的国内抢盐风波，中国盐业总公司紧急开通新浪微博，及时、多次、准确地解释了中国食盐的主要产地、产量及配置机制的基本信息，向大众解释中国的食盐 70%是来自中国西北的井盐，而不是海盐，有力地平息了“中国主要食用海盐”的谣言。中国盐业总公司在微博中也针对超市中存在的食盐短缺问题进行了解释，表示面对突发事件，食盐短缺的原因只是物流配置没有跟上，并不是储量的问题，几天内超市就会供应充足。此外，官方微博还就公众的评论和疑问进行了统一回复，获得了公众信任，及时、权威地平复了公众的恐慌情绪，给公众提供了信息支持和情感支持。

这个案例体现了一个重要的问题，即关系能提供支持的深层次机制是信任。

在汉语中，“信”有两重含义。

第一个层面，“信”是诚信，指事物本身具有的一种德性，“言语真实、诚实不欺”。《孟子·离娄上》如是说：

> 诚者天之道也，思诚者人之道也。至诚而不动者未之有也，不诚未有能动者也。[①]

---

① 金良年：《孟子译注》，上海古籍出版社 2004 年版，第 156 页。

第二个层面，指相信者对于被信任者的一种主观情感。在汉语中，“信”还能解释为“相信”“信任”，指“相信而敢于托付”“感到放心的态度”“信赖”，是对待他人之道。儒家思想其实更重视个体德行之诚信，是向内里进行要求和约束，认为诚信是为人之本。比如，《荀子·不苟》中这样写道：

> 天地为大矣，不诚则不能化万物；圣人为知矣，不诚则不能化万民；父子为亲矣，不诚则疏；君上为尊矣，不诚则卑。①

荀子的思想认为信任是处理万物关系的根本准则，尤其体现在圣人与万民、君与臣、父与子这三大传统社会主流关系中。这与近代社会科学的思想一脉相通，即都认可信任是一种依赖关系。同时，信赖关系中暗含一种逻辑，即每个人都有诚信的操守和德行，所以我们理应信赖他人，建立一种健康和谐的社会关系。

儒家以诚信的道德力量启动了中国社会中的“支持”和“帮助”系统，人们追求“天道”“公道”是因为相信这个社会的制度、体系和系统。这与西方依靠法理和契约精神建立起来的信任社会有明显的不同。

当然，现代社会的信任受到了资本的影响，中国社会和西方社会紧密联系，成为利益共同体，但在资本逻辑下，这一共同体中出现了“信任赤字”。弗朗西斯·福山对于如何重建信任提出了解决之法，即呼吁信任回归以促进经济发展的设想。然而，这仍然不能逃离资本私有制的控制，最终只能沦为空想。

① 《荀子》，方勇、李波译注，中华书局 2015 年版，第 32 页。

"人类命运共同体"这一新信念打破了区域经济发展的狭隘认知，将全人类紧密地联系起来。在这一信念下，人类不仅有利益共同体，还有价值共同体、安全共同体、情感共同体等多方面的维度，所以应在这一综合的理念下以"人类整体"为单位重建新的信任关系。

三、中国政府风险治理理念提升至新高度

党的十八大以来，习近平总书记对风险治理先后作出了一系列重要论述，风险治理被提到前所未有的高度。2018 年，习近平在学习贯彻党的十九大精神研讨班开班式上发表重要讲话，将"增强忧患意识、防范风险挑战"与"坚持和发展中国特色社会主义""全面推进新时代党的建设新的伟大工程"并列，[①]这在我们党的历史上是第一次。

党的十九大将防范化解重大风险与精准脱贫、污染防治并列为三大攻坚战，防范化解重大风险被放在三大攻坚战的首位。2019 年初，省部级主要领导干部"坚持底线思维着力防范化解重大风险"专题研讨班在中央党校开班；同年 10 月，中共十九届四中全会通过《中共中央关于坚持和完善中国特色社会主义制度、推进国家治理体系和治理能力现代化若干重大问题的决定》，风险防范、风险控制与风险治理已然成为我党治国的重点领域。

风险沟通是现代社会进入"治理情境"之后得到重视的，这是风险管理到风险治理思维转变的必然要求。治理思维与管理思维不同，治理讲究多主体互动协商，意在通过互动建立信任，集人民之智慧，疏社会之堵塞，达到和谐社会的状态；管理思维则不同，较多地依

---

① 《习近平在学习贯彻党的十九大精神研讨班开班式上发表重要讲话》，2018 年 1 月 5 日，中国政府网，http://www.gov.cn/zhuanti/2018-01/05/content_5253681.htm，最后浏览日期：2022 年 12 月 25 日。

靠权威，信息以层级的模式传递，信息来源和传播渠道受到严格把控。

风险沟通理念强调发挥多元主体的集体智慧，通过提高民众的政治效能感，实现防范风险、控制风险的社会治理目标。当今世界正在经历百年未有之大变局，处于大发展、大变革、大调整之中，中国作为发展中的大国，中国人民已经走到了历史舞台的中心，民主社会的发展有了新要求。因此，政府做好风险沟通工作，有助于科学执政、民主执政。

我国现代社会治理体系的提出是具有历史沿革性的。2012 年，十八大报告提出："围绕构建中国特色社会主义社会管理体系，加快形成党委领导、政府负责、社会协同、公众参与、法治保障的社会管理体制。"[①]2013 年，十八届三中全会提出"创新社会治理体制"。2017 年，十九大报告进一步提出"打造共建共治共享的社会治理格局。加强社会治理制度建设，完善党委领导、政府负责、社会协同、公众参与、法治保障的社会治理体制"。[②]

从十八大报告的"管理"到十九大报告的"治理"，提法的转变是我党和我国在治国方略上的全新思维的展现。现代社会治理格局突出强调共建、共治、共享，首先要求政府角色从"主导"回归"负责"。现代社会治理思维是人民发展观的延伸，更加重视"人本"思维，关注普通人的感受，着力提升人民群众的普遍幸福感。种种决策表明，我国现代风险治理体系开始转向多元主体协商共治，转向参与主体间

---

① 《胡锦涛在中国共产党第十八次全国代表大会上的报告》，2012 年 11 月 8 日，理论网，https://www.cntheory.com/tbzt/sjjlzqh/ljddhgb/202110/t20211029_37373.html，最后浏览日期：2022 年 12 月 22 日。

② 《习近平：决胜全面建成小康社会　夺取新时代中国特色社会主义伟大胜利——在中国共产党第十九次全国代表大会上的报告》，2017 年 10 月 27 日，中国政府网，http://www.gov.cn/zhuanti/2017-10/27/content_5234876.htm，最后浏览日期：2022 年 12 月 25 日。

的双向协商互动。

让-彼埃尔·戈丹认为,“治理从一开始便须区别于传统的政府统治概念”。[①] 在治理的各种定义中,全球治理委员会在 1995 年下的定义受到基本认同,即治理是各种公共的或私人的个人和机构管理其共同事务的诸多方式的总和。治理不是一整套规则,而是过程;治理过程的基础不是控制,而是协调;治理不是一种正式的制度,而是持续的互动等。[②] 总而言之,治理其实就是重视协商与持续互动的一个过程,是正式与非正式、政府与私域的协同治理。

在中国传统中,“善治”就是善政的意思,善政的主体是政府。在封建专制统治时期,英明的帝王能引领一个朝代施行善政,但他们始终代表的是封建统治阶级的利益,不可能代表以人民为核心的社会公共利益,所以在封建社会要实现“善治”是不可能的。俞可平提出,“善治”是政府与公民之间的积极而有效的互动,合法性、透明性、责任性、法治、回应、有效是其基本组成要素,现代的善治理念就是使公共利益最大化的公共管理过程。[③]

第四节　社交媒体中的“善治”主体

风险放大站是一个不太被人们熟知的概念。卡斯帕森等研究者对典型的多元参与主体进行了概念界定,并创新地提出了风险放大

---

① [法]让-彼埃尔·戈丹、陈思:《现代的治理,昨天和今天:借重法国政府政策得以明确的几点认识》,《国际社会科学杂志》(中文版)1999 年第 1 期,第 49—58 页。

② 俞可平:《治理和善治:一种新的政治分析框架》,《南京社会科学》2001 年第 9 期,第 40—44 页。

③ 同上。

站的概念。风险放大站指对风险信息流进行传播和争议，并对其社会意义进行解读的重要机构或个体。必须注意的是，风险放大站并不是仅能放大风险，它还可以弱化风险，良好的风险沟通有利于发挥放大站弱化风险的功能。

一、社交媒体中“善治”主体的界定

风险放大站具有对风险信号进行筛选，对信号进行编码，处理风险信息（如在推断性信息中使用认知启发式），给信息附加社会价值，以便于管理和政策借鉴，与相关团体进行互动，以解读和确认信号的功能。风险放大站的信息流通会激起“涟漪效应”，这种效应的“扩散”程度可能远远超过事件最初的影响。[①] 风险放大站可以强化或弱化公众对风险的主观认知反应和行为反应，从而影响行为反应产生的次级效应。

美国环保署的风险沟通七项基本原则对风险放大站提出建议，认为可信的科学家、医生、公民咨询组、当地官员和国家或当地的意见领袖可以与政府管理部门进行合作。

国外风险沟通常用的形式主要是就某些制度、规范或环境项目召开公众咨询会，听取公众意见。在美国，公众参与项目评估已经成为风险沟通中的必要环节。公众参与已经成为美国环境影响评价制度的一个重要程序。美国国家健康推广中心在制作健康信息产品的过程中，优先考虑的目标人群是（美国和全球的）公众、专家、美国疾病控制与预防中心（Centers for Disease Control and Prevention，简

① [美]珍妮·X. 卡斯帕森、罗杰·E. 卡斯帕森：《风险的社会视野（上）：公众、风险沟通及风险的社会放大》，童蕴芝译，中国劳动社会保障出版社 2010 年版，第 186—187 页。

称 CDC)的合作者、健康沟通专家。

从我国的实际情况来看,政府机构、政治家、科学家、新闻媒体、新闻工作者、不同行业的意见领袖、环保团体(及其成员)、相关科学团体(及其成员),以及其他个体意见领袖都有可能成为环境风险沟通中的风险放大站。风险放大站可以分为两类:一是机构风险放大站,如政府机构及相关部门、媒体、NGO 和科学组织;二是个体风险放大站,包括精英意见领袖和草根意见领袖等。不同的风险放大站由于社会角色的不同,在风险沟通中的行为、态度和表现往往也存在差异。

二、风险放大站是镶嵌在网络上的明珠

社交网络不仅仅是维持关系的场所,也是重要的信息来源平台。人们进行社交网络搜索的一大动机就是寻找相关信息及与信息相关的人,网络成员通过网络内容和网络联系来影响彼此。微博最重要的媒介特点就是互动,所以关系就成为微博运行的基本机制。具体而言,“关系”是信息流通的“渠道”,如果没有渠道,信息就会中断,难以流通和汇聚。

微博的一大特征就是嵌套。这首先体现在它的“接口”上。社交媒体的网络增长基本原理是以个体为中心进行的网络扩散,个体通过不断关注其他个体来构建自身的网络关系结构,所有个体的关注网络连接起来就使微博的信息传播呈现出复杂的系统特征。个体在形成一定的关注之后,这些被关注者就成为该个体的重要信息源,他们所发布的信息展现在该个体的微博页面,从而使微博具有了信息收集器的功能。换句话说,用户没有关注的人的信息不会呈现在其微博信息界面。在社交网络中,个体行动者因为兴趣、爱好或其他需求组成自身的社会联结,SNS(social networking services,社交网络

服务)的使用动机主要有获得信息、参与争论、社交及娱乐。在风险沟通中,用户使用社交网络的主要动机是获得信息、参与争论并扩大影响力,从而获得信息支持和情感支持。

社会关系并不是一成不变的,而是处于不断的变化之中。在社交媒体时代,社会关系会随着社会稀缺资源的分配权与主导权发生变化。在数字媒体时代,用户的注意力成为一种社会稀缺资源,注意力经济可以被视作一种权力机制和生产机制。

在大数据背景下,算法推荐根据用户的注意力行为(包括点击兴趣、地理位置等)进行精准推荐,挖掘用户的注意力倾向,并进行二次消费推荐。克劳迪奥·布埃诺认为,应该从马克思主义经济学角度思考注意力经济,注意力不应仅仅是消费领域关注的概念,也应该转移到生产领域进行批判。①

风险放大站更容易占有用户的注意力资源。注意力作为一种稀缺资源是由谁控制并负责调配,弄清这个问题有助于了解数字媒体时代的社会网络结构和社会关系。无论人们如何争论,不可否认的一点是,资本以媒介技术为手段正在重新配置财富资源。无论是媒体寻求传播力和影响力、广告寻求宣传说服效果,还是互联网寻求经济效益,都依赖于用户的媒介注意力。然而,用户数量和用户增长数量是相对有限的,用户的使用时间、使用频率也是有限的,这就是注意力稀缺的原因。

三、舆论扩散的圈层化

“圈层”最早是一个地理学上的概念。到目前为止,学界对圈层

---

① 马俊峰、崔昕:《注意力经济的内在逻辑及其批判——克劳迪奥·布埃诺〈注意力经济〉研究》,《南开学报》(哲学社会科学版)2021 年第 3 期,第 68—77 页。

仍然没有一个统一的界定。即使如此，要深刻地理解这个概念，必须弄清楚两个关系：一是圈子化与层级化[1]之间的关系，二是圈层内部和圈层之间的关系。

“出圈”最早出现在“饭圈文化”中，指某位明星或某个事件不再只被粉丝群体关注，而是走入更广泛的大众视野并获得广泛关注和认同的现象，[2]所以“饭圈”指粉丝圈，粉丝经济具有巨大的经济和文化消费能力，是消费主义的表现。“出圈”的运用在目前已经突破了明星范畴。《新闻与写作》在 2021 年 6 月做了一个关注“出圈”的专题，喻国明教授认为，“出圈”是未来社会的关键重要命题。

具体而言，圈层具有社会发展生态、社会知识组织、社会文化现象和社会资本形态的属性表征。传统社会的圈层有明显的边界。费孝通先生提出的“差序格局”就是如此，圈层内部有明显的文化背景、经济地位差异。以血缘和地缘远近组成圈层，人的社会经济地位并不相同，核心圈层的人掌握话语权，最容易被信赖，交往频率较高，而边缘圈层的人则相反。随着现代经济、技术和交通条件的改善，圈层成为与相似性有关的一个标签。人们突破了血缘和地缘的限制，“出圈”到更广泛的世界，并依据趣缘、职业等建立新的圈层。这时，圈层内部的人的经济地位、兴趣爱好、信息选择基本相似。到了网络信息社会，在信息的传播过程中，无论是发布者还是接收者，他们受制于所处的地域、职业、性别等，也呈现出相似的信息行为特征。人们的选择性接触、选择性倾听假说也是这种圈层结构的表现，即人们倾向于与自己持有共同观点的人交往，并保持小圈子的身份共同体意识。

---

① 彭兰：《网络的圈子化：关系、文化、技术维度下的类聚与群分》，《编辑之友》2019 年第 11 期，第 5—12 页。

② 王洋、段晓薇：《短视频用户“出圈”表达的特征、功能与治理》，《新闻与写作》2020 年第 8 期，第 97—100 页。

亚文化群体中的圈层文化比较发达，如年轻人建立的“电竞圈”“二次元圈”“潮流圈”都有明确的趣缘色彩，容易形成小圈层文化。亚文化圈层的归属感和依恋感比较重，处于“圈地自萌”的自娱自乐的状态，[①]甚至他们的这种身份只在亚文化小群层中显露，并在日常生活和交往中回归。

信息圈层之间具有显著差异。有学者提出，不同社会背景和文化圈子的用户在网络交流的过程中，由于受教育和思维模式的不同会导致分化、分层现象，圈层内部的讨论话题、价值观与圈外看待同一问题的角度有所不同。[②]《人民日报》对“信息圈层”进行了定义，认为信息圈层是指人们的信息接受、文娱产品的选择和社交在某一相对固定的群体范围内进行。[③]

圈层之间的信息流动遵循从高到低的规律。比如，发达国家的经济技术能力较强，相应的发达国家的文化容易向发展中国家流动，而发展中国家的文化则很难向发达国家流动；城市文化比农村文化的文明程度高，城市文化向农村文化传播的可能性更大，而农村文化回流到城市的可能性较小；同样，媒体和意见领袖掌握的信息资源多，所以其信息和意见容易流向一般大众，回流的可能性较小。

这里不得不提到舆论折叠。理论上，所有信息都应该是可见的，主体进行自我发声不必假他人之手，尤其是个体作为舆论热点的重要信息源，最先并且掌握独家信息的时候，很容易成为关注热点。但

---

① 陈龙、李超：《网络社会的“新部落”：后亚文化圈层研究》，《传媒观察》2021 年第 6 期，第 5—12 页。

② 陈龙：《转型时期的媒介文化议题：现代性视角的反思》，上海三联书店 2019 年版，第 237 页。

③《网络文化关键词：“圈层”既要特色，也要共识》，2020 年 5 月 8 日，中华人民共和国国家互联网信息办公室，http://www. cac. gov. cn/2020-05/08/c_1590485969134544. htm，最后浏览日期：2022 年 2 月 22 日。

是,实际上普通民众在网络中发声并被很多人看见是一个小概率问题,毕竟绝大部分的主体传播能力较弱,话题热点度低,与明星热度相比,很难受到算法推荐的青睐。底层民众由于经济、文化的局限,不是没有发声的意识,就是发出的声音很难被放大、扩散。这就是舆论折叠现象,即在无数的页面和注册用户中,偏底层民众的信息是极易被折叠起来的。

从信息多元化共享的角度来说,圈层传播结构的弊端显而易见,即社交圈子化,信息获取定制化,信息交往圈层固化、窄化,影响社会多元信息共享及符号与意义的多维度生成。简单来说,圈层传播会导致"回音壁效应",即一群同质化的人进行了同质化的选择行为,并将思维进一步同质化。社交媒体虽然在理论上赋予了任何参与个体突破舆论折叠效应的可能性,但在目前的情境下,要想实现这个理想状态是比较困难的。最好的突破点就是从自身具有潜在资质的个体节点进行"出圈"突破,找准来自各个领域和专业的具有影响力的人物。

个体、机构或事件"出圈"一般都是先从内容的发布开始,有了好的"出圈"信息才有进一步的舆论扩大,所以风险沟通的两大基本要素,即关键风险内容与关键参与个体仍发挥着基础作用。在微博等社交媒体的风险传播沟通系统中,传统的研究理论与方法在社交媒体平台风险放大站的研究中遭遇了挑战。社会网络分析理论并非摒弃所有传统的理论与方式,而是融合不同的理论和方法,把传统研究的理论与方法需要嵌入新的社会网络分析。

对于关键风险内容的分析,传统的内容分析方法仍然是最有效的,即通过内容分析将风险舆情进行分类,整体呈现人们在突发事件发生过程中的风险记忆。风险信息会沿着人际关系网络进行扩散传播,至于什么样的信息能够得到广泛扩散,什么样的信息会消沉,一方面受信息本身携带的内容影响,另一方面则受到信息扩散网络的影响。

/ 第二章 /

突发大气污染事件中的舆论博弈

1890 年，法国社会学家加布里埃尔·塔尔德最早提出模仿的概念，并出版了《模仿律》一书。他认为模仿是“基本的社会现象”，有模仿才会有相似和共同点，并提出社会下层人士具有模仿社会上层人士的倾向，模仿在没有外界干扰的情况下会以几何级数蔓延的模仿律观点。①

模仿律是针对社会上的一般事物或现象的，随着大众传播的兴起，传播学家开始关注信息是如何在社会中被模仿、传播并对大众产生影响的。拉扎斯菲尔德、卡兹等学者提出，“传播流”是指由大众传播发出的信息，经过各种中间环节，流向传播对象的社会过程。风险沟通其实就是风险信息和情绪的模仿感染和扩散过程。其中，情绪裹挟在纷繁复杂的信息中。客观信息可以消除部分不确定性，但人们头脑中的主观风险记忆、外界刺激等导致的情绪或感知中的不确定性则要通过更复杂的沟通来实现。

---

① [法]加布里埃尔·塔尔德：《模仿律》，何道宽译，中信出版集团 2020 年版，第 26、246—248 页。

第一节　突发雾霾风险放大框架分析

2013 年初，笔者开始关注新浪微博网民对空气污染的发声。在这个虚拟的网络空间中，微博用户互动表现出圈层文化的结构特征，人们更愿意与自己熟悉的人进行互动。面对突如其来的恶劣天气，可能每个人都会有负面情绪，因为恶劣天气侵入人们的日常生活，每一分每一秒我们都在体验着。针对此发布微博的人特别多，潜舆论变成了显舆论。

一、数据收集方法

人们在网络上的自由表达通过两种方式进行：一是自由表达，二是自由关注。人们可以在法律允许的范围内任意表达自己的观点，扮演喜欢的角色。正如尼葛洛庞帝曾为数字化生存欢呼呐喊："真正的个人时代已经来临……我就是我！"根据社交媒体的二八法则，绝大部分用户的微博自由表达出来的自由想法或观点可能是一场自娱自乐的狂欢。所以，在收集数据时，笔者决定找到"二八法则"中的"二"，即那些最有影响力的人、组织及其发表的观点和彰显的态度，并放弃"二八法则"中的"八"，即一般的影响力不高的人、媒体、组织及其发表的广泛但影响力不强的观点。

微博粉丝数量多的用户在某类议题的转发和评论上不一定与粉丝数量成正比。为了避免拥有大量粉丝的用户对雾霾事件并没有兴趣或没有较大的影响力，笔者识别风险放大站的唯一标准是用户是否发布了有影响力的微博信息。信息的转发量和评论量是衡量影响力的指标，即通过文本的影响力（转发、评论量）来对文本进行 TopN 目的抽样，样本量的大小则要根据研究变量的类型及转发、评论量的分布规律来定。为了最大限度地保证微博文本识别的信度，本研究通过两种方式来获取数据。

第一种是采用新浪微博的高级检索功能，通过设定关键词和时间段的方式来挖掘数据。根据对事件的观察，笔者将关键词主要设定为“$PM_{2.5}$”“口罩”“雾霾”，这三个关键词基本已经覆盖生活、健康及科学传播方面，通过关联这三个关键词进行的信息搜索基本可以描述该事件的全貌。同时，笔者将时间段设置为 2013 年 1 月 11 日—3 月 17 日。这一时间段是雾霾天气产生并持续至“两会”结束的时间。随着雾霾的消散，风险框架的讨论也告一段落。

第二种是设定两个小组进行观察并收集信息，从“线人”入手，通过网络关联来发现和识别相关的微博文本。当然，对“线人”的选择是建立在对主题事件的观察基础上的。笔者在具体操作中发现，高级设置主要通过三个功能进行搜索即类型、关键字和时间段。此设置与本书的搜集刚好契合。此外，微博还有推荐好友及共同关注的人的微博，这样的搜索功能可以使研究资料的收集更为高效。本章中选取和讨论的观点都是微博上转发、评论量总数超过 1 000 次的。这个标准的制定基于以下三点。

一是其他学者讨论了相关的指标。国内一些研究者对微博文本的转发、评论数量进行了分组，即(0，100]、(100，200)、[200，500)、[500，1 000)、1 000 以上。这些分组数字为本研究的 TopN 样本选择提供了参考。二是根据笔者对该事件进行的预观察，本研究对获取的微博转发、评论量进行了统计，发现转发、评论量的分布基本符合上述分组标准。这种阶段性特点为本研究的样本选取提供了依据。也就是说，最有影响力的微博基本都是转发、评论数量大于 1 000 次的。三是笔者在博士论文完成过程中与专家一起讨论了选取样本的标准,大家均认为这样的标准是可以接受的,能够代表主流舆论共识。

二、公众的舆论热度变化

埃弗雷特·罗杰斯在《创新的扩散》一书中指出,时间和社会系统是扩散的两个重要因素。在这部分的研究中,笔者以时间为横坐标来对照风险信息扩散的过程,考察在风险放大站的引导下,公众在这段时间内的讨论热度如何变化。

本节讨论两个问题:一是雾霾污染重,公众的舆论热度扩散模型是怎样的;二是舆论发酵过程中,哪些因素导致民众情绪进一步发酵,发展成具有世界性影响的事件。

突发事件的发展一般分为五个阶段:潜伏期、爆发期、高潮期、蔓延期和消退期。从以下关于该议题形成的舆论讨论统计情况来看,后四个阶段表现得非常明显。图 2-1 为微博用户在 2013 年 1 月 11 日—3 月 14 日发布的所有相关微博的转发数和评论数的统计趋势

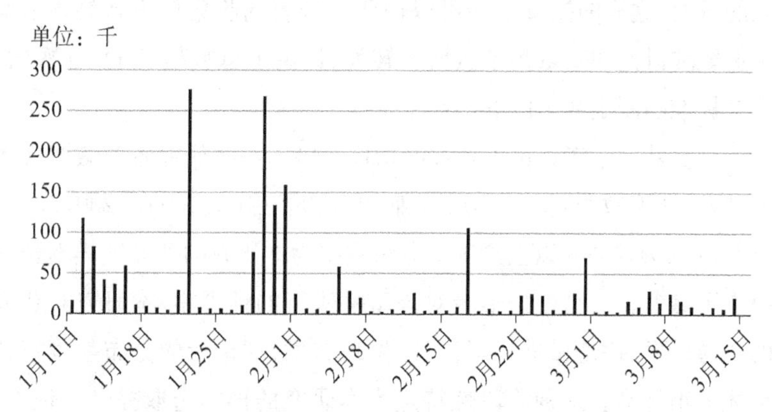

图 2-1　雾霾环境风险事件中的风险信息呈波动型模式扩散

图，基本表现出在雾霾环境风险事件中，信息传播呈现波动走势，讨论呈阶段式发展。

雾霾事件主要呈现为波动模型，关于雾霾事件的讨论可分为四个阶段：

第一阶段风险爆发期的讨论高潮出现在 2013 年 1 月 11—23 日。2013 年 1 月 7—13 日、1 月 16—19 日、1 月 21—23 日，环保部发布三次霾黄色预警，此阶段的讨论随着 1 月 18 日天气逐渐转好而趋缓。

第一阶段的讨论主要是公众对事件的初步反应，其中形成的议题主要包括污染数据公开、雾霾污染的健康危害、与污染相关的科学知识的普及、与雾霾相关的健康知识（尤其是呼吸系统方面）的普及四个方面。

有媒体对雾霾天气的空气质量标准进行了及时报道和跟踪，如央视新闻在微博上发布：

> 北京 19 点，$PM_{2.5}$ 超 700 极重度空气污染！如果未来 24 小时依旧为极重污染情况，北京将采取强制性污染减排措施。

2013 年 1 月 15 日，财经网、《经济观察报》等媒体就 2012 年钟南山院士关于空气污染造成的健康危害的讲话进行了传播。此时，公众急切地需要相关的科学知识和健康应对的实用性信息，如何选择、佩戴口罩，不同口罩的效果问题等科普信息受到广泛关注。比如，《人民日报》在微博上发布："雾霾天气能否开窗通风？""雾霾天，口罩怎么选？怎么戴？"

第二阶段风险高潮期的讨论高潮为 2013 年 1 月 27 日—2 月 2 日，持续了一周。其间，环保部再次发布霾黄色预警，有两个话题推动了热点的形成。

第一个话题是 2013 年 1 月 31 日，钟南山院士接受了《新闻 1 + 1》的采访。钟南山院士是著名的呼吸病学专家，他在抗击"非典"疫情的过程中挑战中坚持"非典"病原体是病毒的主张，具有非常高的社会威望和社会信任度。随后，央视新闻、人民网、《南方都市报》和《新京报》等媒体在微博上就其采访内容进行了风险解释。

第二个话题是有记者报道了中石化原董事长傅成玉"大气污染罪魁祸首是煤炭"的论断。[①] 中国科学院从 $PM_{2.5}$ 的来源进行分析，认为北京及周边地区的污染源复杂多元，不同行业的颗粒物都会导致雾霾污染。因此，傅成玉过早地对污染源下定论的说法是不科学的。

在不同行业都对雾霾污染有影响的客观基础上，公众将风险归因的矛头指向哪些行业或企业是具有主观性的。从雾霾事件的归责主体来看，中石油与中石化形成了一定的引爆点，成为此次事件风险归责的主体，加之当时中石油、中石化这两大国有企业巨头的环保形象较差，[②]推卸责任反而更促使公众将舆论矛头对准它们。

第三阶段的讨论高潮出现在 2013 年 2 月 16—23 日。这一阶段的讨论继续深入，并且有了新的议论话题。2 月 17 日，中国科学院公布了对空气污染课题的研究成果，并警告说在此次雾霾事件中发现了大量含氮有机物，虽然还不确定空气是否有毒，但这一成分与 1952 年 12 月在美国洛杉矶出现的光化学烟雾有明显的关联，值得

① 《中国石化董事长傅成玉：大城市污染最大杀手是煤炭》，2013 年 3 月 7 日，人民网，http://finance.people.com.cn/n/2013/0307/c70846-20707225.html，最后浏览日期：2023 年 2 月 10 日。

② 《环球时报：决不重蹈覆辙，中石化们毫无退路》，2013 年 11 月 26 日，人民网，http://opinion.people.com.cn/n/2013/1126/c1003-23658469.html，最后浏览日期：2023 年 2 月 10 日。

警惕。[①] 该研究成果引发了人们对污染物成分的进一步讨论，大量媒体参与了对该研究成果的报道。

第四阶段风险消退期的讨论时间是 2013 年 2 月 28 日—3 月 4 日，这一阶段的讨论与"两会"的召开紧密相关。与此同时，北京的雾霾天气往往是从 1 月持续到 3 月。每年 3 月是"两会"在京召开的重要时间，所以关于环境污染和能源的议题也成为"两会"探讨的重要议题。

北京环境监测发布信息：

> 28 日 10 时监测数据显示，蒙古国及内蒙古中部的沙尘已经开始从西北方向向东蔓延，逐渐影响我市，西部地区的空气质量监测子站 PM_{10} 的瞬时值已接近 1 000 微克/立方米，与我市前期受不利扩散影响导致的污染积累相叠加，整体污染情况非常严重。

2013 年 3 月 6 日，正值全国"两会"时间，作为人大代表的钟南山在接受记者采访时表达了雾霾与肺癌之间的关联，头条新闻和新华视点的微博对此进行了报道。

三、引发舆论的导火索

（一）空气污染程度严重

在 2013 年的雾霾事件中，环保部共发布四次霾预警，在当年 1—

① 《京津冀雾霾检出大量危险含氮有机颗粒物》，2013 年 2 月 17 日，央视网，http://news.cntv.cn/2013/02/17/ARTI1361058115141427.shtml，最后浏览日期：2023 年 2 月 10 日。

3月,北京及周边地区的雾霾污染间断性出现,使得公众始终对此事件保持关注。从雾霾风险框架讨论的趋势图来看,雾霾污染的严重程度极大地影响着人们的讨论热度。风险本质、社会关注度和风险的可能危害程度会影响事件的社会能见度。社会能见度越高,政府管理机构和媒体组织的责任就越大,从理论上说,它们所建构的风险框架也就越复杂,从而形成一个复杂的舆论场。

现实层面的牵动点具有偶然性和随意性,但某些牵动点也具有可预测性。比如,科学报告的发布、专家的健康危害评估、公众人物在某些公开场合的言论等都会成为引发公众讨论的话题。此外,春节、达沃斯论坛、全国“两会”等特殊事件或时段也必然会产生一些热点话题的线索。

从社会系统层面来说,雾霾事件影响广泛,无论在政治、经济,还是社会文化、科学传播等方面都会产生影响。环境风险的产生与经济发展有很大关系。而且环境风险可能会影响一个产业或相关项目的规划,如空气污染与汽车尾气排放、油品升级、经济发展中的能源结构调整等,这些经济问题可以使议题向多元方向扩展,甚至形成对经济发展模式的社会性反思。

(二)政府信息发布能力欠缺

在政府信息公开系统中,动力机制是影响政府信息公开进程的关键。基于此,政府信息公开的落脚点应在于满足社会的信息需求,实现信息资源在社会与政府间的合理分配,显示出服务于社会的理念。[1] 自2002年“非典”事件以后,我国开始重视政府信息公开制度

① 谭超、谢媛、任梦:《基于社会需求的政府信息公开动力机制探析》,《改革与开放》2014年第20期,第90—91、93页。

的完善和国家应急处理能力的提升，国家和地方应急预案、专家队伍的级别和水平、应急管理效果是否在短时间内产生效用都会影响风险沟通中各方的反应。2007 年，《中华人民共和国政府信息公开条例》施行。2019 年《中华人民共和国政府信息公开条例》修订后施行，规定了政府机关向公众提供合法公开信息的义务和公民请求信息公开的权利，坚持“公开为常态、不公开为例外”，明确政府信息公开的范围，不断扩大主动公开。从目前中华人民共和国生态环境部的网站信息来看，在政府信息公开的栏目中明确设立了信息公开指南、信息公开制度、信息公开目录和依申请公开的内容，符合《中华人民共和国政府信息公开条例》（修订版）的要求，是一种进步的具体表现。

2012 年，我国还未公布 $PM_{2.5}$ 的检测数据，但人们已经开始关注这一方面的信息，并要求相关部门展开空气污染治理的同时公开数据。2013 年初，几乎全国大部分地区都出现严重的雾霾天气，空气污染的严重情况使得公众的风险感知更为复杂，他们密切关注环保部门的应急预案、治理行动及相关的言论和行动。在这种情况下，任何小小的失误都会导致政府形象受损。

2013 年 1 月 15 日，在一次空气污染治理会议上，相关高层领导指出，互联网时代提倡信息共享，管理部门应该及时并如实向公众公开 $PM_{2.5}$ 的监测结果。但是，相关职能部门的信息发布不力，在未经计划和准备的情况下提供了信息。再加上雾霾污染的持续，政治风险的管理成本大大提升。

（三）北京作为首都，敏感性较高

突发事件发生地北京市是全国的首都，具有一定的敏感性。事实证明，同样的污染事件发生在哈尔滨、西安等地，因为地域的差异，虽然一些民众也在社交媒体上呼吁关注、治理，但囿于媒体关注度不够、网络“大 V”关注少，污染影响辐射范围小，产生的舆论破坏力也较小。

北京市是一些重要意见领袖、媒体、各中央政府部门聚集的区域，重污染发生在北京的舆论影响力要远高于其他地区。强污染天气对公众的日常生活和健康造成影响，几乎每个人都是直接利益相关者。雾霾天气发生时，气压偏低，敏感人群感到明显不适；空气流动情况较差，又遇到冬季寒流，为流感病毒和细菌的传播提供了绝佳的环境；雾霾天气还造成空气能见度降低，加重交通堵塞，引发交通事故，一些居住在北京的名人、明星、记者在社交媒体中的发言就能轻易地引起关注。

此外，外国驻华大使馆坐落在北京，外国政要到中国进行国事访问时的首选地是北京，国际峰会、国际赛事活动也经常在北京举行。因此，北京的生态环境一旦被严重污染，便会直接影响中国的国家形象。

2013 年的雾霾重污染天气与“两会”召开时间重合，人大代表到北京参加“两会”能更真切地感受到雾霾污染。由于参与主体众多，政府部门、医疗系统、相关专家、媒体、NGO、社会名人都积极参与风险话题的建构，并使关于雾霾的讨论议题在深度上不断加深，在广度上不断扩张，扩展了风险框架讨论的意义。雾霾天气持续到“两会”，环境风险框架成为“两会”讨论的焦点之一，很多代表加入了此次讨论，并提交了相关提案，扩大了雾霾事件的政治影响和社会影响。

四、雾霾风险框架

对风险沟通进行内容分析是传播学领域研究风险沟通时面对的一个核心问题。内容分析是一种后测式的研究，是研究已经发布的信息，但这丝毫不会减弱对风险沟通信息进行内容分析的重要性。框架理论是进行内容分析的常用理论，它最早由欧文・戈夫曼在其经典著作《框架分析：组织行为经验简论》中提出。他指出框架分析的核心命题就是人们如何建构现实。[①] 在具体框架层面，恩特曼认为，行动者、问题、行动场景等的不同会导致框架千变万化。他还提出了框架的四种功能：定义问题或对问题相关的关键事实予以澄清，对问题前因后果的解释，对问题进行道德评判，对问题提出处理意见并对可能出现的结果予以讨论。[②] 也就是说，框架就是把重要的部分挑选出来，在报道中特别处理，以体现意义解释、归因推论、道德评估及处理方式的建议。

除了从认识论层面对框架理论的功能进行解读，也有研究者对框架理论用于理解和分析现实的可操作性层面进行了探索。甘姆森把框架概念理解为一个名词和动词的复合体。[③] 它作为动词，是界定外部事实、再造真实的过程，体现了不同影响因素通过互动影响事件建构；作为名词，它就是形成的框架，是框架动词形成的结果，比如媒体呈现的新闻报道文本就是各种因素互动影响的结果。对于作为动词的框架，吉特林[④]、恩特曼等人都认同它是选择与重组的结果。他们还对框架分析进行了可操作化研究，提出在各种真实转换的过程中，社会事件得以再现，言说意义因而得以建构框架，主要是通过选

---

① E. Goffman, *Framing Analysis: An Essay on the Organization of Experience*, Haper&Row, 1974, p.21.

② R.M. Entman, "Framing: Towards Clarification of A Fractured Paradigm," *Journal of Communication*, 1993, 41(4), pp.6–27.

③ W. A. Gamson, A. Modigliani, "The Changing Culture of Affirmative Action," *Research in Political Sociology*, 1987, 3, pp.137–177.

④ T. Gitlin, *The Whole World is Watching: Mass Media in the Making and unmaking of the New Left*, University of California Press, 1980, pp.6–7.

择和重新组合不同的形式要件来完成的。

框架理论在危机事件中没有明显的研究成果，因为框架理论的研究者主要是从媒体建构的媒介文本出发，探究媒体如何进行危机事件的议程设置并影响人们的认知和态度。框架理论在风险事件中有同样的表现，大多研究者仍关注媒体的风险议程设置，缺乏对整个社会系统中其他重要行动者的风险框架图景的普遍关注，从而无法了解社会层面的风险讨论的全貌。

在传统媒体时代，媒介框架会影响公众的风险认知与态度，但框架理论本身缺少对风险的关注。所以，在此可以沿着媒介框架的概念来推演风险框架的定义，即风险框架就是人们如何构建风险现实的研究领域。

风险放大站的立场及价值判断受到风险放大站自身的利益、态度、立场和价值观影响，不同的风险放大站对同一事件可能由于上述因素的影响而作出截然相反的价值判断。框架的力量与社会资源的接近性、知识的累积及策略联盟的可行性有关；框架的出现可能与社会或组织的权力大小有关。[①] 根据上述影响风险框架建构的影响因素，结合事件的具体情境，框架类别可被分为信息公开框架、健康信息框架、科学传播框架、归因框架、社会反思框架、政策倡议框架、政治框架、愤怒情绪框架 8 种框架类型。

有国外学者将风险沟通功能划分为保护沟通（care communication）、共识沟通（consensus communication）和危机沟通（crisis communication）三种类型。[②] 在此处的研究中，笔者将风险框架纳入

---

① 臧国仁：《新闻媒体与消息来源——媒介框架与真实建构之论述》，三民书局 1999 年版，第 63 页。

② R.E. Lundgren, A. H. McMakin, *Risk Communication: A Handbook for Communicating Environmental, Safety, and Health Risks*, Battelle Press, 2004, p. 438.

风险沟通功能的范畴(表 2 - 1)。在编码的过程中,笔者训练了两名编码员,编码信度为.87,符合内容编码的信度要求。

表 2 - 1　雾霾舆论风险框架

沟通功能	框架类别	关键词
保护沟通	信息公开框架	实时环境监测、空气污染指数、空气质量指数等
	健康信息框架	肺癌、急诊、口罩和空气净化器等
	科学传播框架	什么是 $PM_{2.5}$,空气污染指数等概念的科普,如何科学地选择口罩和空气净化器,空气污染对健康影响的调查研究、研究报告等
共识沟通	归因框架	汽车尾气、汽油、油品、煤炭、气象原因、春节不放烟花、节能减排及 GDP 与社会发展
	社会反思框架	外国人在中国的相关行为和言论、北京城市形象、伦敦大雾、洛杉矶光化学烟雾等
	政策倡议框架	倡议交警戴口罩、环境空气立法、中小学生重雾霾天停止室外运动等
	愤怒情绪框架	调侃、抱怨等
危机沟通	政治框架	政府相关官员、"两会"代表、环保部谈治理,政策调整与实施,政府启动重度污染应急方案等

保护沟通主要是关于风险信息预警、健康应对信息、健康防护信息和其他科学传播信息的互动,旨在进行科学传播和风险保护。在本章的具体框架中,笔者将信息公开框架、健康信息框架、科学传播框架归在此类功能中。

共识沟通主要就风险沟通中的行为改变和其他管理措施的改进达成一致,是风险管理层面的共识。风险框架的协商性意味着风险框架构成的动态性，任何话语权力参与主体引发的话题都有可能吸引其他主体的参与、关注和评论，从而改变整个事件风险框架的结构和公众的风险感知。通过互动来协商解决风险冲突与问题也是其风险框架的重要组成部分。笔者将归因框架、社会反思框架、政策倡议框架等放在此类功能中。

危机沟通指当风险已经成为危机时所采取的沟通措施。当人们开始表达愤怒并指责政府信息公开不及时、归因不科学、应急方案不够务实时，这场风险便已演变成危机，政府或相关部门发言人的言论容易成为引发公众不满的引子。

关于风险框架的沟通功能统计，从表 2-2 的统计结果可以看出，保护沟通功能（37.71%）的需求最大，共识沟通（32.57%）的数量稍多于危机沟通（29.71%）的数量，说明这些有影响力的微博正向引导的特征较为明显，在归因等方面达成了一定共识。但是，不得不承认的是，公众的愤怒和不满的情绪表达也较为充分。

表 2-2　风险框架的沟通功能统计

沟通功能	沟通功能数量（个）	框架类别	数量（个）
保护沟通	132	信息公开框架	78
		健康信息框架	10
		科学传播框架	44
共识沟通	114	归因框架	45
		社会反思框架	42
		政策倡议框架	27
危机沟通	104	愤怒情绪框架	70
		政治框架	34
总计	350	总计	350

第二节　公共舆论的风险沟通功能

目前在中国，室外空气污染在健康风险中排名第四。有报道称，2010 年我国因 $PM_{2.5}$ 导致的死亡人数估计为 123.4 万人，占当年全国死亡总人数的近 14.9%。统计数字显示，每年有 65.6 万名中国人因为空气污染丧生，近 1 500 万人感染各种呼吸道疾病。[①] 严重的雾霾天气会造成呼吸系统和心血管系统疾病，对老人、儿童的健康威胁尤其严重。由于 2013 年的雾霾天气发生在冬季，与流感结合，更加重了一些人的病情。就有关医院的统计数字来看，在雾霾期间，门诊就医人数明显增加。2013 年的空气污染如此严重，极大地影响了人们的日常生活。人们首先关心的是在这样的重污染天气下该如何进行自我保护，并产生"$PM_{2.5}$ 是什么？""空气污染会加重呼吸道疾病吗？""空气污染会导致肺癌增加吗？""我应该如何防护？""我应不应该去户外？""我应不应该开窗？"等疑问。

一、公共舆论的保护沟通功能

在保护沟通功能中，以下两类信息得到了广泛的转发。

（一）政府公开的污染数据及相关信息

虽然人们有时会对科学提出质疑，但当危机发生时，人们第一时

① 《报告显示：我国 123.4 万人因 $PM_{2.5}$ 致死》，2013 年 4 月 2 日，中国能源网，https://www.china5e.com/news/news-334332-0.html，最后浏览日期：2023 年 11 月 20 日。

间想依靠的还是科学结论。这也是人们在特定情境下的无奈之举，因为除了依靠科学数据别无选择。环境污染风险会带来系统性影响，不仅与化学、物理学、医学等多种学科有关，也与汽车、能源等多行业密切相关。比如，北京环境监测发布风险信息：

今天凌晨开始，随着一股冷空气进入影响本市，天气多云，有3级左右东北风，吹散了昨日的雾霾。除个别子站外，今日本市各子站空气质量均为优良水平，适合大家户外活动。

笔者注意到，《人民日报》微博的一条转发量较大的文本后面增加了网友的互动表述。

《人民日报》发布的风险信息如下：

【今日空气污染最严重的10个城市】环保部今天公布城市空气质量日报，API污染指数最高的前10位城市是，石家庄、邯郸、保定、唐山、天津、郑州、济南、秦皇岛、济宁、乌鲁木齐和武汉并列第十。此排名不包括$PM_{2.5}$和臭氧污染指数。

网友：竟不包括北京，这些城市得污染到什么程度呢?!

通过污染数据的对比来体现风险一般更有影响力，在微博上的转发和评论量也较大。北京的空气污染是大众通过各种媒体都可以快速了解的，以北京作为标本来了解其他城市的污染情况能够说明一定问题。

（二）与健康防护有关的科普信息

首先是口罩。口罩分为一般口罩（时尚型、保暖型、防晒型等）、普通型（防风、防花粉、防飞沫等）、防细菌型（医用口罩）、防空气污染型（针对颗粒物防护，分为带气阀和不带气阀两种）。一般的口罩大多不附鼻夹，密闭性较差。如果要防空气污染，尤其是小颗粒污染物，应优先选择 KN95、N95 或 FFP2 及以上级别的口罩。但是，N95 口罩的透气性较差，特殊人群，如患有肺部疾病或哮喘的病人应该选择带有气阀的口罩或遵医嘱。还要注意的是，口罩使用 24 小时后要适时更换。

事实上，在 2013 年前后，大部分人不会选择正确的口罩，也不会正确地佩戴口罩。当时，有媒体观察到，在北京的大街上，90％的人佩戴着无效口罩，大部分是为了冬天保暖或时尚，对阻挡雾霾没有任何作用，甚至有人认为将口罩洗一洗还能继续用。2013 年 1 月 30 日，济南交警支队为保障一线交警安全，试行佩戴口罩上岗执勤，当时其他城市都不允许交警在重度雾霾天戴口罩，济南交警佩戴口罩在全国尚属首例。[①] 此事在全国引起轰动，济南交警戴口罩的照片自然也成为大家转发的热点。就在人们热切地转发并倡议交警佩戴口罩的时候，有人发现，个别交警将口罩戴反了，有鼻夹的一侧朝向下方。其实，在 2013 年不会正确佩戴口罩的民众数量相当庞大，有人甚至在严重雾霾时戴"防毒面罩"出门。

自此，口罩在中国获得了可以"保护健康，减少呼吸系统疾病"的公众印象。从 2012 年至今，雾霾污染断断续续一直存在，口罩用来

① 《济南交警试行戴口罩上岗》，2013 年 1 月 31 日，环球网，https://m.huanqiu.com/article/9CaKrnJz747，最后浏览日期：2023 年 2 月 10 日。

隔离细菌、病毒的符号意义不仅未曾减退，甚至得到了延续。人们开始在患严重感冒时戴上口罩，防止交叉感染。可见，在我国，对口罩的宣传和科普起到了一定的作用。这也是为何在2020年暴发新冠肺炎疫情时，人们不仅知道要正确地选择口罩，还积极地佩戴口罩以防止病毒感染。不过，反观西方，其文化情境则发生了变化。曾在2008年因为天气污染而戴上口罩的他们却把新冠肺炎疫情期间非常重要的防护口罩视为“阻碍自由和民主”的标志，一些父母甚至还怂恿自己的孩子在公共场合焚烧口罩。[①] 西方将口罩作为国家意识形态斗争的工具带来了极为严重的后果，给西方国家的新冠肺炎疫情防控带来了巨大困难（图2－2）。

图2－2　爱达荷州多名父母鼓励儿童焚烧口罩（图片来源：中国青年网）

---

① 《不满口罩令，美超百名示威者在州议会大厦前“烧口罩”》，2021年3月7日，光明网百家号，https://m.gmw.cn/baijia/2021-03/07/1302151857.html，最后浏览日期：2023年2月10日。

其次是空气净化器。空气净化器又称空气清洁器，指能够吸附、分解或转化各种空气污染物的设备。根据《中华人民共和国国家标准》(GB/T 18801—2022《空气净化器》)的定义，空气净化器指对室内空气中一种或多种目标污染物具有一定去除能力的家用和类似用途的电器。这一新修订的标准增加了如《家用和类似用途电器噪声测试方式　通用要求》(GB/T 4214.1—2017)、《家用和类似用途电器的安全　第1部分：通用要求》(GB 4706.1)、《家用和类似用途电器的安全　空气净化器的特殊要求》(GB 4706.45)、《室内空气质量标准》(GB/T 18883)、《家用和类似用途电器的抗菌、除菌、净化功能　空气净化器的特殊要求》(GB 21551.3)等与空气净化器有关的相关规范性文件。

虽然随着空气污染数据的开放，人们对空气污染的话题本应该有了更深层次的认知，但公众实际应对环境风险的健康知识仍然不足。以前的民众对空气净化器是“无感”的，甚至不认为房间中有放置空气净化器或安装新风系统以提高室内空气质量的必要。对此，微博用户“一毛不拔大师”描述了自己的亲身经历：

> 十三年前我买空气净化器被当成神经病，三年前我安中央新风过滤被认为是奢侈。两年前我讨论 $PM_{2.5}$ 和如何避免其危害开始有人看了。

虽然已经有部分公众开始意识到安装空气净化器的必要性，但如何挑选空气净化器，如何判断空气净化器的效果等知识都处于极度缺乏的状态：

> 有个朋友借了我的 $PM_{2.5}$ 测试仪回家测亚都的效果，问我说室内比室外低了一半是不是可以了。我只能无奈地告诉他：一般不通风的房间 $PM_{2.5}$ 都比室外低一半，这是完全没效果，降到室外 10%才是有效的净化器。

当然，空气污染对人体健康造成的影响是一个需要专业医务工作者来回答的专业问题，如钟南山院士是呼吸系统的专家、人大代表，也是受到国人尊重的医生，具有较高的社会知名度，他的发言兼具新闻价值与学术价值。钟南山描述了 $PM_{2.5}$ 细颗粒物污染对呼吸系统、心血管系统和神经系统的健康危害：

> $PM_{2.5}$ 浓度从 25 微克/立方米增加到 200 微克/立方米，日均病死率将增加 11%。北京十年来肺癌增加了 60%，空气污染是一个主因。
>
> $PM_{2.5}$ 一旦进入肺部，便会沉积在肺泡里，对呼吸系统、心血管、神经系统都有影响。那么这些污染来自哪里？既有直接排放的一次污染，如煤炭、汽油的燃烧和垃圾焚烧带来的污染，也有如机动车排放的氮氧化物和挥发性有机物等引起的二次污染。

钟南山院士没有开通微博，他的发言基本都是通过媒体发布的，$PM_{2.5}$ 这种小颗粒污染物会造成什么影响是人们比较关注的，科学的数字结论会增加人们对科学判断的信任度。

二、公共舆论的共识沟通

(一)公共舆论中自发倡议的共识度较高

一些自发倡议共识度高,转换为行动的可能性也较高,如呼吁人们乘坐公共交通工具出行。对此,张泉灵的提议言辞恳切,并在建议更换小排量汽车等方面提出一些大家能接受的观点,获得了一定认同:

> 面对雾霾,人人是受害者也是贡献者。去年,我换了一辆油电混合的小排量车,把油耗降低一半,在低速堵车时发动机自动停机无排放。我知道这说法会遭人骂,"为什么不放弃开车呢?"我承认我做不到天天坐公交。我能做的是,面对自己的现实,做对环境更友好的事。单纯等和骂,换不来蓝天,开始行动至少不会更坏。
>
> ……
>
> 抱怨空气污染的同时,千万别忘了你自己每用一度电就消耗了350克煤,坐车每千米就消耗0.12升汽油,取暖最终也会消耗大量的煤。煤和油燃烧都会产生大量的二氧化硫、氮氧化物、粉尘、微粒、重金属等污染物,这就是雾霾天气的元凶。今年太冷,耗煤更多,污染也更严重。所以,环保真的要从自我节能做起。

又如,2013年时,敬一丹发现交警在严重污染的天气中执勤却没有佩戴口罩,也没有任何防护措施。于是,她立即在网络上发起倡议，希望交警管理部门修改相关规定，允许交警在严重污染天气戴口罩。这条倡议的可行性非常高，在有关部门的积极反应下，交警在雾霾天可佩戴口罩。

当然，也有一些自发倡议的共识性较高，但可行性不强。比如，2013 年 1 月 29 日，有人在微博上发起了呼吁政府进行在空气清洁方面立法的倡议，并许诺会以人大代表的身份将投票结果提交人大和政府。该倡议引起了广泛的认同，在五万多人的投票中，近 99%的人支持立法，并建议“建立污染物排放的交易市场，如同国际上的碳交易市场”。该长微博还就相应的措施进行了介绍，具体包括三点：一是污染的排放有法可依，尤其是车内和室内的污染水平；二是实施污染指标责任制；三是建立污染物排放的交易市场。

英美等国家针对大气污染排放制定了《清洁空气法》。1956 年，英国国会通过了世界上第一部空气污染防治法律《空气清洁法》；1968 年以后，英国又出台了一系列空气污染防治法。随后，1963 年，美国出台了《清洁空气法》，并经多次修订逐步完善。

事实上，我国在 1987 年制定了第一部《中华人民共和国大气污染防治法》，当时规定的法律条文有 41 条。自 2013 年以来，我国有关部门又对《中华人民共和国大气污染防治法》进行了两次修改：1995 年对这部法律进行修正；2000 年对这部法律进行第一次修订，法律条文增加到 66 条。后来，我国在 2015 年对《中华人民共和国大气污染防治法》进行第二次修订，最新版于 2018 年 10 月修正后实施。修订后的《中华人民共和国大气污染防治法》共 129 条，涉及法律责任的条款有 30 条，具体的处罚行为和种类接近 90 种，可操作性和针对性都得到了不断的强化。

（二）官方倡议的共识达成需要时间

对于大气污染治理的官方倡议主要体现在两个方面，主要与百姓的日常生活密切相关：一是禁止燃放鞭炮，二是抵制烧烤。虽然政府在2013年禁止燃放鞭炮的倡议得到了部分群众的认同，但还是有很多不同的声音。比如，有人认为，燃放烟花爆竹是中国的一种文化传统，不能因为治理大气污染就放弃这种民俗。因此，"庆祝节日能否燃放鞭炮"在当时成为一个有争议性的话题：

> 希望这个春节批评、谴责放鞭炮的那些有话语权的媒体与名人们，用350天的时间沉浸在持续的雾霾中思考一下：是什么导致老百姓过年连放个炮也要被批评、被谴责？该怎么做才能让老百姓在过年时安心无负担地放点炮乐和乐和？希望明年此时，你们能给出答案。（财经网）

2013年，当时的环境保护部未对除夕燃放鞭炮的$PM_{2.5}$贡献率进行数据统计，所以其倡议没有得到公众的广泛认同，反而成为民众的批评对象。

关于春节期间燃放鞭炮到底会对$PM_{2.5}$产生多大的影响，生态环境部对2015—2022年的除夕至初一全国逐小时的$PM_{2.5}$平均浓度进行了统计（图2-3）。从时间上来看，$PM_{2.5}$浓度呈现出逐年降低的趋势，尤其是2022年，平均浓度下降明显；从逐小时的表现来看，通常是从除夕的19:00逐渐上升，在24:00至次日凌晨1:00达到高峰，初一9:00—10:00有一个小高峰。总体来看，2016年$PM_{2.5}$的平均浓度峰值接近250 $\mu g/m^3$，而2022年的除夕峰值只有100 $\mu g/m^3$。可见，春节限制燃放鞭炮的倡议有利于降低$PM_{2.5}$的浓度，即使这个倡议在短时间内没有得到公众的认可，但只要在科学调查的基础上持续动员，一定会产生良好的社会效果。

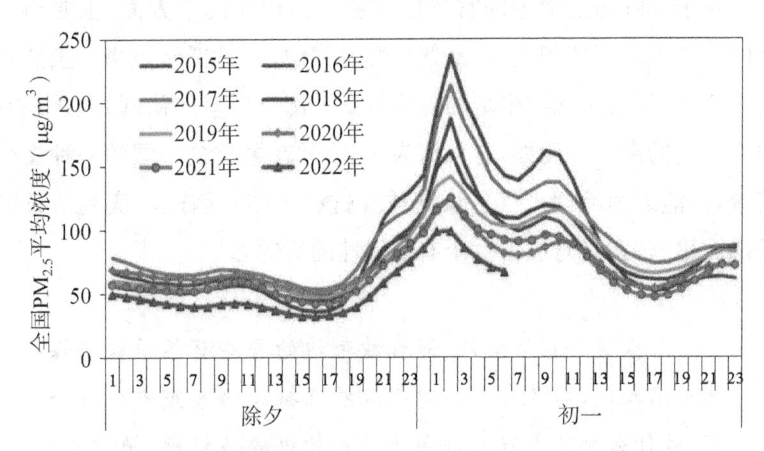

图 2－3　2015—2022 年除夕至初一全国逐小时 $PM_{2.5}$ 平均浓度（资料来源：生态环境部）

官方提出抵制露天烧烤的倡议是因为，每到夏季，街边都会出现很多设施简陋的烧烤摊。有科学研究发现，露天烧烤排放的烟尘中含有大量细颗粒物。2018 年，北京市环境保护科学研究院通过大量现场测试表明，在不同类型的餐饮企业 VOCs（挥发性有机物）和颗粒物的排放系数中，烧烤的排放量均为首位，按一小时一个灶头的排放量来计算，烧烤会排放约 37 克的 VOCs 和 30 克的颗粒物。对于其排放的 30 克颗粒物，如果放在大气里，在空气质量为一级优的情况下，需要近 100 万立方米的空气来稀释，在二级良空气质量下也需要近 50 万立方米的空气。[①] 同时，露天烧烤大多无吸烟装置，排放气

① 《$PM_{2.5}$ 源解析　餐饮污染中烧烤污染最严重》，2018 年 9 月 13 日，新华网百家号，https://baijiahao.baidu.com/s?id=1611446812182853384&wfr=spider&for=pc，最后浏览日期：2023 年 7 月 11 日。

体的浓度远高于室内烧烤，是影响较大的空气污染源。

不过，由于市场需求大，露天烧烤屡禁不止，当时大量的舆论也认为“环保部开雾霾治理药方，倡议民众改变饮食结构抵制露天烧烤”是没有根据的。由此可见，公共舆论在涉及日常生活方式改变等问题上，立场有时会与科学相悖。因此，推动公众理解科学，邀请科学家参与科普教育以减轻民众的对立情绪非常必要。

（三）对风险归因的讨论尚不成熟

归因论认为，人们总是在寻找危机事件发生的原因，特别是针对产生负面影响的突发事件。可控性和稳定性是人们进行归因的依据。虽然环保部在发布会上对 2013 年发生的雾霾事件进行了归因，如交通尾气、城市区域发展、地形气候、天气等都会导致重污染天气，但民众的关注焦点往往表现出与官方不完全一致的倾向。

有研究发现，公众在讨论专业性较强的问题时，很容易将其转变为社会问题，并产生争议。比如，燃煤和汽车尾气是导致空气污染的重要因素，燃煤问题和汽车尾气排放理应成为公众讨论的重点，但公众将矛头更多地指向燃油品质不佳，以及因此导致的汽车尾气排放污染，对其他的相关议题没有过多关注。这就说明，随着公众对空气污染的关注加强，相关领域的议题需要得到更有深度和广度的扩展。

有些媒体和意见领袖认为中石油、中石化应该部分地对雾霾污染负责，中石油与中石化却指出油品国标太低。它们的这一归因掀起了舆论讨论的风暴，央视新闻、人民日报纷纷发布微博：

> 【怎么老拿标准说事儿】油企对雾霾天气负有直接责任，中石化一面承认，一面又怨国标不够。真不愧是中石化——瞬间让人石化：国标制定话语权油企掌握了至少七

成，还想说谁呢？一流企业应创造高标产品，才有资格制定国家标准。国标低，根本还是企业道德责任感低！（央视新闻）

【中石化：成品油硫超标导致北京雾霾说法不实】人民日报记者冉永平消息，针对近日中石化成品油硫含量为欧洲15倍，因而导致严重的雾霾天气的质疑，中国石化今天公开回应称，2012年5月起，开始向北京供应京标五车用油，它和欧洲现在实施的欧Ⅴ排放标准相当，是全球最严格的，油品中硫含量都是小于10 ppm。（人民日报）

可见，在此次关于2013年雾霾事件的归因讨论中，在没有国家权威科学归因结论的前提下，相关讨论是不成熟的。

三、公共舆论的危机沟通

一方面，国内的媒体在报道环保措施时毫无新意，难逃“炒冷饭”的嫌疑。这种治理政策容易使政府角色在新闻媒体的价值判断中失去“新闻价值”。面对公众对空气污染的质疑，相关政府部门的发言人面对媒体提问无法给出权威的回答，或者对重要的问题未做准备便贸然搪塞，都会导致公众的不信任。比如，在财经网发布的微博下就有网友的调侃：“我们现在的环保事业还处在初级阶段：空气洁净靠风，水质转好靠冲，垃圾处理靠坑，应对民众靠蒙。”对此，我国相关部门应当时刻对公众关切的环境问题保持关注：在发布信息前充分了解相关背景；保持信息的透明度，建立与公众沟通的有效渠道，力求发布准确的信息；当公众表现出负面情绪时，应当与其他媒体合作，安抚公众，避免产生更大范围的舆情。

另一方面，国内媒体要对有些外媒有关中国环境议题的报道提高警惕，保持一定的批判意识。中国的环境形象是中国形象的重要组成部分，但有些外媒在环境议题上对中国等发展中国家的态度一向比较苛刻，甚至会丑化、抹黑城市形象，产生负面影响。对此，面对有些外媒的不实报道，我国的媒体应当发出自己的声音，用事实揭穿它们的伎俩。

第三节　公共舆论的风险沟通策略

一、科普通俗易懂的雾霾防治信息

雾、霾、雾霾等的概念听起来非常类似，它们之间有怎样的联系和区别，形成雾霾的污染物的组成结构如何，雾霾会对人体形成怎样的影响等都是人们迫切需要知晓的信息。

2013年雾霾事件出现时，央视气象预报员宋英杰的一条科普微博的转发量很高。他对雾和霾的天气符号进行了科普，表述形象、生动、易理解：

> 【雾霾】以后，我们可能会更经常地面对这两个天气符号。雾是站着的三，霾是躺着的8。霾本身就是污染物的积聚，雾未必就是污染，却是污染物的良好载体，即“窝藏犯”。湿时多是雾，干时多是霾，但往往雾霾交替或雾霾混杂，于是成为同案。

宋英杰的这条微博下转发、评论的数量最多。他的比喻生动，用词准确，向大众解释了日常生活中难以区分的雾霾符号，得到了网友的许多正向反馈。当时，鲁健的一个绕口令也是科学传播的好素材，可以帮助公众分清雾霭和雾霾：

〈绕口令：雾和霾〉

雾是雾，霾是霾，雾霾是雾霾，雾轻有时叫雾霭，霾重有时称灰霾，雾霭浮凝华，灰霾尘土埋。若把雾霭当雾霾，无碍健康无大害，若把雾霾当雾霭，灰霾碎雨落成癌。

总结而言，雾霭对人体健康的危害较小，雾霾对人体健康的危害巨大，可致癌。与上述两例对比，有些微博由于专业性较强，虽然引起了公众的注意，但传播范围却相当有限。比如：

第四条：【科普：10 大致病毒物】常接到朋友们提问，水和食物中污染物很多，到底哪种污染最危险——什么才是优先考虑的污染因素？美国毒性物质和疾病登记机构(ATSDR)根据毒性、常见频度和致病等综合排序，毒物致病最新名单是：砷、铅、汞、氯乙烯、多氯联苯、苯、镉、多环芳烃、苯并芘、苯并荧蒽。(图 2-4)

这条微博转引了用英语表述的致病毒物名单，但较强的专业性和许多普通人难以理解的英文单词成为理解上的障碍，即使用中文表达这些孤僻的专业术语和化学名词，一般公众都很难看懂，更难说将其与雾霾进行关联。这条微博虽然立足科学视角，却忽略了从公众理解科学的角度进行表述，导致传播范围有限，网友的互动也不多。

因此，在向公众传递雾霾防治的相关信息时，要注意用简单易

Table 2. The ATSDR 2011 substance priority list.

Rank	Substance name	Points	CAS number
1	Arsenic	1665.5	007440-38-2
2	Lead	1529.1	007439-92-1
3	Mercury	1460.9	007439-97-6
4	Vinyl chloride	1361.1	000075-01-4
5	Polychlorinated biphenyls (PCBs)	1344.1	001336-36-3
6	Benzene	1332.0	000071-43-2
7	Cadmium	1318.7	007440-43-9
8	Polycyclic aromatic hydrocarbons	1282.3	130498-29-2
9	Benzo[*a*]pyrene	1305.7	000050-32-8
10	Benzo[*b*]fluoranthene	1252.4	000205-99-2

This list was generated by the ATSDR (2011) using an algorithm that translates potential public health hazards into a points-scaled system based on the frequency of occurrence at NPL Superfund sites and on toxicity and potential for human exposure.

March 2013 · Environmental Health Perspectives

致病毒物名单排名

图 2－4　致病毒物名单及排名

懂、方便记忆的表达方式，有效地传递防治信息，避免因信息复杂而造成公众的不理解和混淆。

二、新闻发布会要营造正面的政府形象

2013 年，在雾霾较为严重的时候，《南方都市报》发布了一条微博："环保部：做好打持久战的思想准备"，并用"旧闻新读"的自回帖方式解读了环保部的"持久战"背景，即"西方用了 30—50 年治理空气污染"。面对突如其来的大气污染，环保部在新闻发布会前的准备不够充分，导致媒体和公众产生了一定的质疑。当前，大气污染治理需要一个较长时间的过程是大家普遍接受的事实，但在 2013 年雾霾集中出现的时候，媒体和公众认为发布会没有体现出政府治理雾霾的决心，他们也没有看到初步可行的治理计划。实际上，环保部的初

步判断是没有问题的，但如果发布会上能使用有效的数据说明我国的情况，提出相应的治理措施，并对当时中国空气污染的复杂性等背景信息进行细致的解读，公众的反馈可能就会大不相同。

因此，政府部门及发言人在记者发布会等场合应尊重公众的知情权，注重信息的严谨性、科学性和准确性。一方面，借用相关领域专家的观点是一种理性、有效的方式。例如，《中国科学报》在 2012 年 2 月 9 日发布的微博中引用了研究员王跃思对中国治理 $PM_{2.5}$ 需要 30—50 年的解释："控制 $PM_{2.5}$，越往下越难。比如，日均值从每立方米 75 微克降到 50 微克要用 10 年时间，再从每立方米 50 微克降到 35 微克，没有 10 年也不行。"另一方面，政府部门的政策发布、数据公开、领导人的表态会产生积极的影响。比如，2013 年 1 月，时任总理李克强在出席会议时直接对空气污染治理问题表态："在这一过程中，我们及时并如实向公众公开了 $PM_{2.5}$ 的数据。积累问题是个长期过程，解决问题也需要一个长期过程，但是我们必须有所作为！我们一方面要加大环保执法和其他相关方面的工作力度，另一方面提醒公众加强自我防护。这件事需要树立全民意识，需要全民参与，共同治理。"[①]这展现出政府对空气污染治理的重视，大大提振了公众对改善空气质量的信心，增强了公众对政府在空气污染治理方面的信任感。

三、合理疏导公众的非理性情绪

面对突发的较为严重的天气污染情况，公众会产生焦虑、恐慌、

① 《李克强谈空气污染治理问题：我们必须有所作为》，2013 年 1 月 15 日，中国经济网，http://www.ce.cn/xwzx/gnsz/szyw/201301/15/t20130115_842654.shtml，最后浏览日期：2023 年 6 月 20 日。

无奈、质疑等情绪，继而寻找相关的信息，以求构建一种稳定的心理秩序。公众的这种需求从某种程度上来说是一种心理补偿机制，即在无力掌控的条件下，如果政府和社会组织能够提供保障和支持，让自己感知到世界仍然是有秩序、有规律、有确定性的，就能够带来心理补偿，觉得生活环境是安全的。[①]

有研究者提出有关风险评估的一个公式：Risk = Hazard + Outrage，即风险的大小取决于造成危害的程度和人们愤怒的程度，而愤怒就是人们面对环境风险产生的一种自然情绪。在雾霾天气频发之时，“厚德载雾”“自强不吸”“侵肺颗粒”“灰黄的环境成绩单”等带有调侃性的新名词接连产生，这种“吐槽”和反讽是公众情绪的发泄，以缓解内心的紧张和不安。

面对大众的调侃和质疑，政府应该及时通过新闻发布会、专家、媒体、意见领袖等传递切实有效的信息，比如如何避免呼吸道感染，如何改善雾霾导致的交通拥堵等问题，并结合具体情境加以治理，体现出政府部门的责任担当。用这种行动可以有效地遏制公众负面情绪的蔓延，引导其情绪走向正常化。

在对 2013 年由雾霾引起的具体舆情的讨论中，笔者发现，舆论具有天然的非理性，但在政府相关部门的引导下，有关生活和健康议题的讨论大部分能形成有建设性的共识，并且具有一定的号召性，最终将非理性的舆论声音引向理性，为大气污染治理打下良好的基础。

---

① 张志安、冉桢：《“风险的社会放大”视角下危机事件的风险沟通研究——以新冠疫情中的政府新闻发布为例》，《新闻界》2020 年第 6 期，第 12—19 页。

/ 第三章 /

风险放大站与雾霾议题的关系

在治理大气污染的过程中，"风险共同体"构成后雾霾时代人们交往的方式。从风险沟通的角度来看，微博作为向公众开放的网络空间，积极地鼓励一般个体参与讨论，并寻求相应的解决方式。媒体、机构、组织、个人都可以在微博上就热点问题发表观点。上一章我们讨论了其中有影响力的观点，本章将进一步探究在社交媒体中设置议程的主体，以及议程设置者的社会结构和属性特征。

第一节　风险放大站主体的识别

布尔迪厄(Pierre Bourdieu)较早地系统阐述了社会资本的概念，他认为，社会资本对研究行动者的影响力有重要影响，一个行动者的社会资本数量，主要通过行动者可以有效地调动社会网络数量的大小及这些社会网络所占有的资本数量的多少来衡量。① 科尔曼、普特

① Pierre Bourdieu, "The Forms of Capital," *Handbook of Theory and Research for the Sociology of Education*, Greenwood Press, 1986, pp. 241 - 258.

南等人认为，社会资本存在于人际交互的网络之中，存在于个体与个体的联系当中，并认为社会组织构成社会资本。如果没有社会资本，即没有一定的社会联结，个体就很难达到目标，而且即使能达到，也要付出更大的代价。社会学家科尔曼对社会资本的形式进行了具体说明，提出权威关系、信任关系和规范都是社会资本的形式，并认为信息网络是社会资本关系的重要方面。

社会资本理论是解释社会关系的一个重要角度，与社会网络密不可分。更准确地说，社会资本存在于网络关系中。在一个网络中，少数节点依据自身拥有的较丰富的社会经济地位、知识结构、兴趣与爱好、网络信息组织使用习惯、网络关系构成和网络技术经验，在风险信息的沟通网络中处于中心位置，而其他节点则处于网络的中介或边缘位置。处于中心位置的节点往往是一个社会资本较多的行动者，能够调动数量较大的社会网络，并且比其他个体更容易产生权威度和信任度。

在现代风险社会，人为风险加之自然灾害发生的频率越来越高，瘟疫、核辐射、环境污染、极端天气出现的频率增加，整个社会都在要求国家提高制度调适能力和弹性，以应对全球竞争合作态势下的各种紧急突发事件。

从风险沟通的角度来看，增加国家制度调适能力的路径主要有两种：一是向公众开放政治生活，积极鼓励并为一般个体参与提供相应的渠道；二是通过听证、协商、座谈、公开征求意见等形式吸纳公众参与政治决策。①

“在风险中”成为现代社会生活一种整体的“在”的状态。这种状

---

① 魏治勋：《“善治”视野中的国家治理能力及其现代化》，《法学论坛》2014 年第 2 期，第 32—45 页。

态体现为要面对连续不断的风险事件，并且以“风险框架建构”的形式勾勒出整个社会的风险认知影像。无论是公众还是风险管理者都关心的一个问题是“谁在建构风险认知”。对此，国内外学者提供了趋同的答案，即精英群体。这一群体具有更多可支配的社会资本，在危机信息扩散中发挥着核心网络位置的优势。

一、获取风险放大站数据信息的方式

本研究的微博风险放大站的确定分为两个部分：一是“影响层”风险放大站，即在雾霾事件风险沟通中有重要影响力的个体，主要为单条微博的转发、评论量超 1 000 条的微博用户（共 89 个），其发布的雾霾风险信息得到了大量转发；二是“扩展层”风险放大站，即这一群体没有在微博平台的雾霾事件风险沟通中发挥重要影响力，但它们在社会系统的风险沟通中扮演着重要的社会角色，包括一些政府机构的微博、媒体、NGO 及其成员和科学团体等（共 16 个）。“扩展层”放大站可以帮助我们更广泛地考察一些本应发挥重要影响力却未能发挥的机构或个人，并以“影响层”的放大站形成对照。

同时，在网络分析中，因为权重的设置，网络被划分为加权网络和无权网络。如果给每条边都赋予相应的权重，那么该网络就是加权网络（weighted network），否则就为无权网络（unweighted network）。本研究不评估节点之间关系重要性的高低，所以统一将它们界定为无权网络、权重统一设置为 1。

模（mode）指行动者的集合。1 -模数据指一个集合中的行动者之间的网络关系。社会网络分析将一群行动者与它的属性数据之间的网络关系称为隶属网络，即 2 -模数据。比如，一群行动者与他们参与的多个事件的关联网络或者与他们参与的风险框架的相关网络都属于隶属网络。

为了揭示行动者与事件关系的深层网络结构，本研究对 2 -模数据进行整理分析。其中，事件主体即个体行动者为一类，风险框架为另一类，通过网络分析工具 Pajek 进行 2 -模数据到 1 -模数据的转化。

二、风险放大站的结构

在 89 个“影响层”的风险放大站中，根据职业和组织属性，笔者将其划分为政务微博、媒体微博、媒体从业者微博、商界意见领袖微博、NGO 及科学团体的微博和其他意见领袖的微博，共六类。从图 3 - 1 中风险放大站的组成结构来看，媒体微博（30%）和其他意见领袖的微博（29%）所占的比例较高，媒体从业者的微博（16%）和商界意见领袖的微博（12%）所占的比例相近，政务微博（6%）和 NGO 及其成员的微博（7%）等所占比例较小。从风险放大站的组成结构

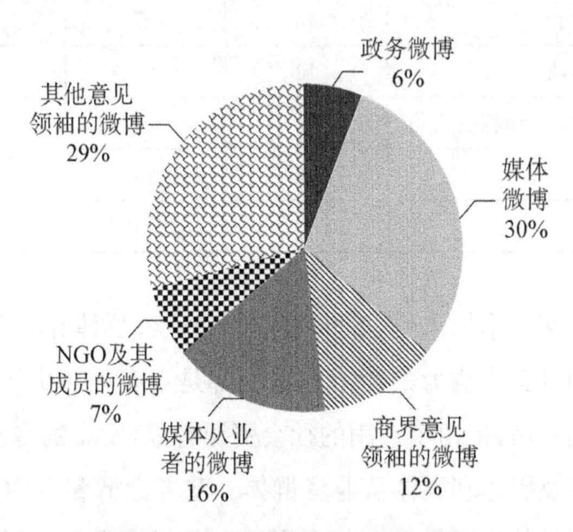

图 3 - 1　风险放大站的组成比例

来看：媒体及媒体从业者在所有放大站中占了近50%的比例，说明在雾霾事件的风险沟通中，信息来源主体首先是媒体；其次是意见领袖，特别有影响力的商界意见领袖和其他意见领袖占41%，充分说明社交媒体平台中意见领袖的重要作用，他们也是信息的重要来源，对风险信息扩散发挥着不可替代的作用；最后，政务微博与NGO微博的数量基本相当，在放大站中所占的比例非常低，与政府和机构应该承担的责任不符。这在某种程度上表明，社交媒体上建立起了以媒体和意见领袖为核心的风险扩散网络，区别于传统的风险扩散网络。不同社会属性的放大站的个数和转发、评论超过1 000次的微博数量统计如表3－1所示。

表3－1 转发、评论量超过1 000次的微博个体及微博数统计表

微博用户类型	个体数（个）	微博数（条）	微博数所占比例
媒体	27	204	58%
其他意见领袖	26	38	11%
媒体从业者	14	27	8%
商界意见领袖	11	56	16%
NGO、科学团体和相关人员	6	10	3%
政务	5	15	4%
总计	89	350	100%

从以上两个指标来看，媒体和媒体从业者群体在参与的个体数量和发布的具有影响力的微博数量上都是占有绝对优势的；意见领袖群体紧随其后，但由于占用的社会资源有限，发布的有影响力的微博数量远不及媒体和媒体从业者群体。政务微博和NGO微博无论是从放大站的数量还是发布的有影响力的微博数量来看都较少，影

响力较低。

研究还发现，风险放大站的个体参与数量、发布微博数量与微博引起的转发和评论量没有必然联系。由于意见领袖自身的亲和力较强，加之他们发布的信息具有较好的互动性，其微博的转发、评论“质量”更高，产生的影响力更大。可见，意见领袖已经成为风险沟通中的重要力量，他们发布的微博信息的主观性较强，从他们微博的转发、评论中更容易获知公众的风险感知情绪。下文将对这些放大站族群进行详细解析。

（一）政务微博

将风险信息尽可能地传达给公众是政务微博在风险传播和风险沟通中应该承担的角色。从统计上来看，共有 5 个政务微博出现在榜单上，数量不够，这意味着政务微博在环境风险信息中的传播力需要进一步强化，相关机构不仅要利用政务微博发布信息，还要重视信息的传播效果。

政府相关部门在环境风险信息沟通中的权威地位没有得到体现，应改善信息发布机制，及时、公开、真实地发布信息。在这个信息开放和共享的时代，如果政府部门不能及时地满足公众的信息需求，信息的空白就会由其他个体填充，管理部门将会面临在环境风险信息沟通中失去主动权的困境，尤其是涉及争议性问题时，主流话语权的削弱不利于加强风险沟通管理。

（二）媒体微博

媒体风险放大站共 27 个，在放大站中所占比例为 30%。超过 1 000 次转发的微博共 204 条，其中，财经网、《人民日报》、央视新闻、人民网四家主流媒体有 96 条，占媒体发布微博总比例的 47%。这充分证明传统主流媒体仍占有绝对的优势地位。

（三）媒体从业者微博

媒体从业者在有关环境议题的信息发布能力方面尚待加强。这些知名记者并不是环境和科学报道方面的专业记者，但由于他们自身和所在媒体具有较强的影响力，可以将这些影响力转移到环境风险框架中。

出现记者专业程度与所涉议题不匹配的问题，部分原因是不同记者专注于不同的行业，在不同议题中的影响力存在差异，相关记者在国际关系报道和财经报道方面的优势并没有充分地转移到与环境风险事件相关的议题上，而属于专业领域的记者只有宋英杰 1 人。不过，他的微博也只有 1 条吸引了较大的关注。究其原因，一方面，人们当前对环境风险框架的关注不够。环境风险已经在社会中存在很长一段时间，成为人们必须面对的问题，所以一些知名记者要加强对环境风险问题的关注，提高自身的专业性。另一方面，环境和科技领域的记者的知名度明显不够，个人微博的信息扩散能力和影响力也不够，扩展的圈子不够广泛，一般只在自身服务的媒体与同事和邻近的圈子交流，这种结构使得风险信息的扩散受阻。

（四）商界意见领袖微博

商界意见领袖属于全能型意见领袖，自身有较高的名望，在社会热点问题的讨论中较为活跃，发布的信息较为真实，在网民中具有一定的影响力。在与雾霾环境风险有关的问题讨论中，他们的表现依然抢眼。他们关注相关议题的时间较长，发布有影响力的微博数量较多，参与讨论的议题维度较广。例如，有意见领袖在 2012 年倡议推动清洁空气立法，并在其中扮演了重要角色。但是，他们在环境风险框架中的网络位置及作用需要得到进一步明确，并进行合理化利用。

（五）NGO、科学团体及相关人员的微博

NGO、科学团体及相关人员风险放大站共 6 个，占比为 7.5%，超过 1 000 次转发的微博共 10 条。在统计中，笔者将果壳网和果壳问答作为一般的 NGO 分入此类。在国内，NGO 并不发达，与环保相关的 NGO 和人群相对较少，董良杰、“郭霞 SEE”和马军作为个体，在环境风险信息的传播和扩散方面发挥了重要作用。但是，与其他的风险放大站相比，NGO 及相应人员的比例较小，意味着从 NGO 环保角度发起的信息传递较少，这是环境风险建构的缺失。

（六）其他意见领袖的微博

其他意见领袖共 26 人，在有影响力的风险放大站中占比 29%。他们来自各行各业，有作家、律师、教授、演员等，在微博上拥有广泛的影响力。但是，他们在雾霾事件中发布的有影响力的微博数量不如商界领袖多，并且对雾霾事件的关注是出于个人的想法、生活体验和经历。涂建军和白云峰在环保能源方面居于重要的权威地位，在“两桶油”的问题上有较强的专业性。但是，反观其他专业性报纸，如《健康时报》《环境报》《生命时报》等榜上无名，可见它们对环境风险框架的建构影响较小。

从识别出的放大站来看，缺少专业学者群体，而且几乎没有独立的专业学者注册使用微博。只有北京大学的潘小川教授注册了新浪微博，但除了在新浪微博上与公众的互动，他几乎没有发表过与环境风险相关的微博信息；其他的学者，如庄国顺、钟南山、阚海东、王跃思、郝吉明教授等都通过传统媒体或在科研成果中表达了对相关议

题的关注。值得一提的是，钟南山院士是呼吸系统方面的专家，“非典”以后，他在民众中树立起了较高的威望。但是，由于钟南山院士没有开通微博，所以他发布的风险信息都是通过其他渠道扩散的，没有进入本书统计的风险放大站名单，只是作为重要的信源发挥作用。

第二节　主体协同放大风险信息的途径

风险放大站基本上不可能对所有的风险议题都显示出兴趣，它们通常会选择其中的一个或几个框架进行风险放大，风险议题也会因为不同放大站的参与而形成不同的信息扩散路径。通过对风险放大站议题参与偏好的分析，可以判断单一放大站或群体放大站在单一议题上具有的影响力和动员力，以及覆盖多个议题的能力。这种判断有利于政务微博、媒体微博、NGO或其他意见领袖就自身感兴趣的议题加强沟通或为了实现社会风险沟通功能形成关联。

一、主流媒体全面设置风险议程

媒体微博的报道几乎覆盖所有的议题内容。财经网、《人民日报》、人民网、央视新闻、头条新闻等主流媒体的广泛报道使雾霾事件的社会影响超出了北京等发生地，使事件的社会能见度大大提升。

媒体类、意见领袖类、NGO类和政府微博类放大站在不同阶段对热点的判断基本相同（图3-2），尤其是媒体类和意见领袖类放大站基本上参与了所有时间段内的风险讨论，并引发了广泛的关注。另外，媒体及其人员发布的有影响力的微博数量远超其他类型的放大站。这说明在社交媒体时代，媒体仍然是风险信息的主要提供者、引导者和影响者。

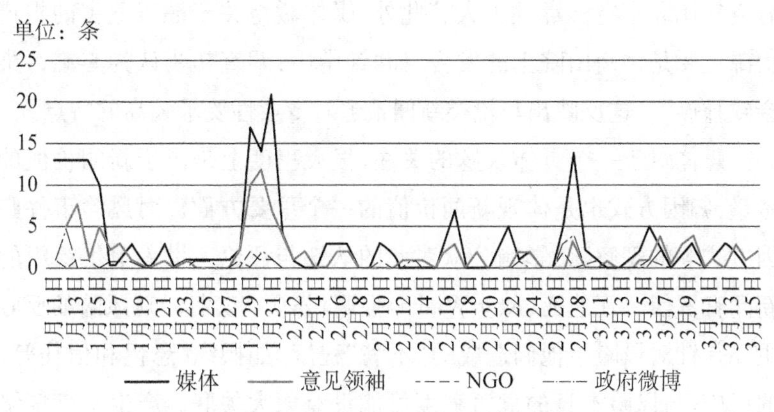

图 3-2　放大站在不同时间段的舆论引导情况(2013 年)

媒体微博发布的科学知识与健康防治知识来源过于单一，围绕教育及健康保护资讯提供功能构建的子系统关系网络结构较为松散，关联性不强。这种结构特征主要与实现功能的信息属性相关，有关教育、科普等互动性相对不强的话题往往难以引起互动。其中，媒体微博群仍然采取发布信息的方式，提供的信息较为常规和流程化，以单个节点为扩散中心，形成以单点扩散模型为主的关系结构，媒体微博，如央视新闻、《人民日报》、《经济观察报》、《创业家》杂志及和讯网等发挥了重要作用。在解释雾霾污染形成的原因和过程中，绝大部分媒体微博的新闻报道以中国科学院研究报告这个单一信源为主，对其他专家、学者的科学研究成果的引用极少，从而造成大多数微博主题类似，如“中科院研究还原京津冀雾霾天气产生过程”，“京津冀雾霾中检测出危险有机化合物”等，没有涉及其他专家的科研成果或科学报告。只有和讯网在 2013 年 2 月 21 日的微博中引用了庄国顺教授的科学言论：“【上海空气或比北京毒】复旦大学环境系教授庄国顺表示……上海的空气中有机成分在 $PM_{2.5}$ 中占比非常高，含重金属成分也很高，而这两类都是致癌物质，在相同浓度情况下，上海空气比北京空气毒性更大。”此外，媒体微博关于健康危害的报道信源主要是钟南山院士的发言，如“钟南山：调查初步认为雾霾污染会致肺癌”。这反映出环境类新闻报道对专业性要求较高的特点。

媒体对于一个具体议题的关注，很大程度上是出于新闻价值的考量，归因方式也是体现新闻价值的一个重要方面。对风险事件归因方式等的理解，会影响公众对此的认知与评论。世界卫生组织的新闻官罗伊·瓦迪亚(Roy Wadia)强调，公众(和媒体)对风险的反应主要是针对风险给他们造成的“不满”程度(如操纵、恐惧和信任等)的反应，与风险本身的危害程度可能没有太大关联。产生不满情绪主要是公众的“期望”没有实现。如果外在不可控因素是导致风险发生的主要因素，组织在导致风险的责任上则会降低；反之，人们对组织的风险责任归因越重，组织负面形象具有的新闻价值就越大，就越容易成为公众讨论和归责的焦点。对此，我国的主流媒体也参与了相关社会反思议题的讨论，如头条新闻 2013 年 3 月 1 日发布的内容：“新华网：新鲜空气若成奢侈品，GDP 又有何意义。”西方媒体对中国的环境现状给予的关注和评论也是媒体“议程设置”重要内容。它们之所以具有新闻价值，是因为这是构建中国国家形象的一部分。在这个互联网发达的时代，外媒的评论也成为新闻价值体现的一个标准。

二、意见领袖发挥自身较强的动员能力

在新媒体快速发展的时代，意见领袖的作用不可小觑，他们在发布信息、转发信息和评论信息等方面的作用日益凸显，成为风险扩散

的中坚力量。在讨论的第一阶段，只有少数意见领袖和媒体参与了中石油和中石化对雾霾污染影响的讨论，但在网络中并未引起大量共鸣。该归因议题真正进入公众视野并成为社会热点是在第二阶段，即 2013 年 1 月 27 日—2 月 2 日，大量主流媒体积极地参与该话题的议程设置，如《人民日报》、人民网、央视新闻、财经网、《经济观察报》等媒体微博均通过议程设置扩大了整个社会对这一重要原因的认知，充分发挥了自身的社会监督职能，在报道中对中石油、中石化进行了批评。

意见领袖归因议程大多被媒体设置，在风险归因功能的关系网中，大型媒体微博和其他意见领袖发挥着重要作用。同时，主流媒体和意见领袖等放大站在风险归责问题上立场较为一致，认为中石油与中石化应对雾霾环境的产生负主要责任。该网络关联结构还直接导致该风险框架的影响力（转发、评论量）所占的比例要远高于其微博数量所占的比例。主流媒体和其他意见领袖这两类风险放大站能够积极地调动其社会资本，使“中石油和中石化的风险归责”话题的影响范围不断扩大，并在社会层面达成一种风险归因的共识。

意见领袖是媒体信息的重要放大站，但同时，影响力较大的意见领袖在与媒体互动的过程中，一般会按照媒体的议程设置进行风险解读，成为媒体风险信息的重要风险放大站。许小年、徐小平、王冉、丁辰灵、“网中微言”等意见领袖的参与有利于加强该风险框架的互动结构，改善媒体微博形成的关系链条，影响该框架的风险放大机制。通常情况下，关系链比孤立节点的社会网络结构更有利于议题的风险放大和共识达成。例如，从和讯网 2013 年 2 月 21 日发布的下面一条微博的转发、评论数量来看，多位意见领袖的转发比和讯网自身的转发形成了更强的影响力。

@和讯网:【上海空气或比北京毒】复旦大学环境系教授庄国顺表示,北京年平均 $PM_{2.5}$ 数值在50—70,上海大约在40至70之间,两者基本在同一水准。上海的空气中有机成分在 $PM_{2.5}$ 中占比非常高,含重金属成分也很高,而这两类都是致癌物质,在相同浓度情况下,上海空气比北京空气毒性更大。

除了发布与污染有关的数据信息之外,意见领袖发布的倡议及反思议题和吐槽调侃议题也得到了公众的普遍认同和积极互动。这两类议题都带有较强的主观性,说明意见领袖在进行风险行动的倡议和动员方面占有优势。同时,他们对污染源的归因信息大部分来自媒体,受到媒体议程的设置,并且基本进行了正面解读。NGO和科学团体形成的有影响力的议题较少,其受公众认同的议题主要是科学传播和吐槽调侃议题。

例如,敬一丹发微博称:"霾又来了。行人中很多戴口罩,路上的警察不戴,我问:你们不可以戴口罩吗? 年轻的交警说:不可以。又说,网上有人呼吁让我们戴呢。"

笔者根据敬一丹呼吁交警戴口罩的微博制作了风险放大站的社会网络图(图3-3),该网络图按时间段分为前后两个部分:前一个部分主要是倡议的发起与扩散;后一个部分则反映了政府相关部门就此倡议与发起者达成共识,并在实际政策中实施该倡议的内容。在敬一丹发起该倡议后,其他的记者、商界领袖、少数媒体和政务微博也参与了该框架的风险沟通网络,形成了多级风险扩散模型。鉴于该网络链条中多级放大站的个体扩散能力都较强,所以倡议产生了一定的社会影响。在后一个阶段,即政策上允许北京交警佩戴口罩之后,阎彤等少数意见领袖还进行了跟踪说明,媒体和意见领袖传播并诠释了信息，参与了微博内容的二次生产。

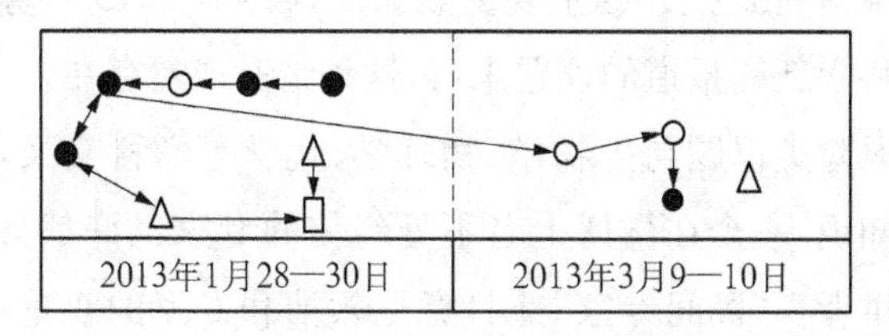

图 3-3　敬一丹微博转发情况的网络图

三、政务微博、专业媒体及 NGO 主要发挥信息发布和科普作用

政务微博聚焦于空气质量的信息发布，意图通过风险信息公开来降低公众对风险的焦虑程度，增加对政府风险治理的信心。显然，这达不到雾霾的复杂性风险沟通要求。雾霾污染危害程度较高，社会关注度高，所以其社会能见度也较高，对政府的风险治理能力提出了较高的要求。

政务微博在政府应急预案等框架中的“缺席”，导致媒体在一定程度上承担了报道政府环保措施的责任，财经网、《南方都市报》、《人民日报》、头条新闻等媒体和少数意见领袖发布的内容都涉及政治框架。政府的环保措施未彰显新意，有“炒冷饭”的嫌疑，所以相关治理政策使政府角色在新闻媒体的价值判断中失去了“新闻价值”。

专业记者、专业媒体、NGO 参与了相关知识的科普，在雾霾事件中发挥了一定的作用，也存在相应的问题。比如，大部分个体作为信源出现，较少参与互动；科学信息传播能力较弱，议题重复，信息同质化程度较高；专业媒体的影响力较弱；对监督类议题的构建能力较弱等。忽略科学事实、侧重科学性报道、泛政治化、缺乏科学内容等是科学新闻报道受到批评的主要因素。从媒体对 2013 年雾霾事件所做的环境科学新闻报道的议题来看,这种情况依然存在。

环境风险类议题与生物学、物理学、化学等学科交叉,要求较强的专业性知识,一个在微博上名不见经传的专家也许都会成为关键信息的提供者。“民间专家”兼具意见领袖和专家的双重角色,在有关污染物、健康防治知识的传播中发挥了重要作用。比如,“一毛不拔大师”“徐超-环保研究员”和董良杰等人士虽然不是专门从事科学研究的专家,但仍然在微博中发表了有关科学知识的微博,并在公众中赢得了一定信任。根据调研,NGO 和科学团体及其人员、政务微博等发布的相关微博数量不少,但真正有影响力的微博不多,引导力和影响力亟待提升。

第三节　作为“公共产品”的风险信息

2021 年世界新闻自由日的主题是“将信息视为公共产品”,强调将信息视为公共产品的重要性,并对内容生产、传播和接收方面可采取的举措进行了探索。作为公共产品的风险信息,其内容的生产与传播需要公众的支持。事实证明,缺乏可靠数据和信息获取渠道会给潜在的有害内容和误导性传播以可乘之机。政府和主流媒体发布的定期更新的数据和及时参与核查的新闻会使公众科学地理解相关信息,从而有效减轻政府的压力。风险本质、社会关注度和风险的可能危害程度会影响事件的社会能见度。社会能见度越高,政府管理机构和媒体组织的责任就越大,从理论上说,它们建构的风险信息也就应该更加多元化。

相对于篇幅短小的微博文本，政府网站是相关管理部门面对公众的最直接方式，管理部门对自身在环境风险中的传播理念和功能的全方位展现，有利于增强管理部门的可信度。同时，提升公众与政府网站连接效果的前提是，政府网站必须提高科学的风险实用信息的内容含量。

一、注重数据公开和数据库建设

十年来，我国政府的数据公开和数据库建设服务能力有明显的提升。从 2013 年雾霾事件中政务微博发布的风险信息所体现的服务功能来看，它们只是提供了基本的污染数据，对健康应对的知识和基础科学知识涉及较少。2023 年，重新审视风险信息的公共产品服务，笔者发现我国的生态环境部在污染物排放标准、定期更新污染数据、民众的投诉受理及反馈等方面的信息发布水平都有显著的提升。

学者费施霍夫(B. Fischhoff)站在风险管理者的角度，总结了社会决策者在风险沟通中的七个阶段：第一，保证数据的准确性；第二，将这些数据告知公众；第三，解释这些数据的意义；第四，告诉公众他们所承受的类似风险；第五，告诉公众在风险中做什么是有益的；第六，友好地对待公众；第七，将公众视为平等的风险参与者。[①] 在风险事件中，政府部门首先应该注意提高自身提供风险信息公共产品的服务能力，重视提供科学信息的服务功能，向目标人群进行有效的推广，以使人们作出正确的决定或选择。

具体来说，生态环境部官方网站的污染数据实时更新，如城市空

① B. Fischhoff, "Risk Perception and Communication Unplugged: Twenty Years of Process," *Risk Analysis*, 1995, 15(2), pp. 137 – 145.

气质量报告、全国空气质量预报，并对空气质量指数进行实时更新，图片中的污染级别标示清楚，便于公众辨认(图 3－4)。

我国生态环境部网站的信息公开体制分为政府信息公开、政务服务、互动交流三大板块，各个板块功能完善，政府的主动信息公开和依申请公开功能清晰，与公众的互动沟通渠道通畅，尤其是多渠道接收和及时反馈投诉举报工作的成效显著(图 3－5)。

城市空气质量 实时 全国空气质量预报

AQI实时报 AQI日报

2023年09月06日 16时

城市	AQI	首要污染物
邯郸市	80	O3
邢台市	88	O3
保定市	87	O3
承德市	82	O3
沧州市	98	O3
廊坊市	78	O3
衡水市	84	O3
张家口市	45	—
太原市	47	—

优 良 轻度污染 中度污染 重度污染 严重污染

图 3－4　生态环境部网站上的空气质量数据

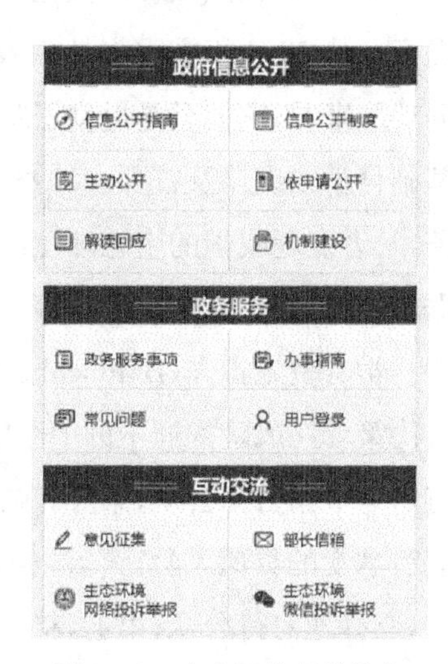

图 3－5　生态环境部的信息公开栏

政策文件数据库齐备，根据下发机构的级别，分为中央有关文件、国务院有关文件、部文件、办公厅文件、行政审批文件、核安全局文件等，还设置了个性化搜索栏，检索功能便捷，能友好地满足公众的个性化信息获取(图 3－6)。

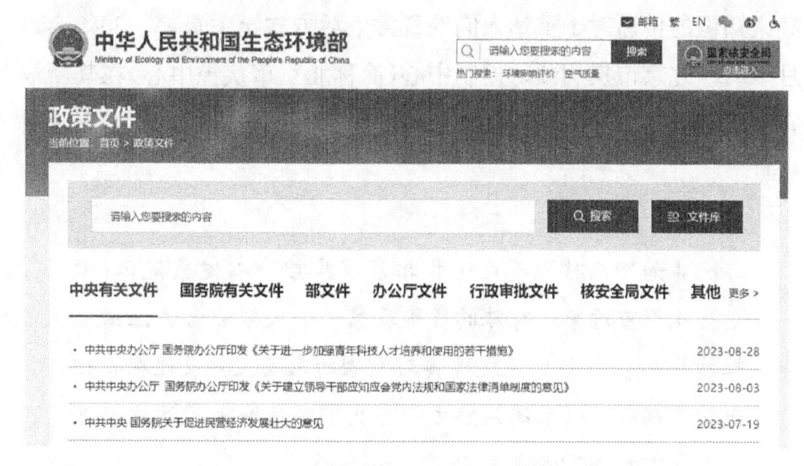

图 3－6　生态环境部的政策文件数据库

整体而言，生态环境部的网站提供了有力的政务数据服务，在推动现代社会环境治理方面发挥着重要作用，为公民高质量地参与与自身相关的环境议题提供了条件。

二、提高对信息的科学解释能力

首先，科学解释信息是一种与民众直接相关的实践活动，专业术语和专业标准的制定是科学性、专业性较强的过程。环境保护类的专业术语和标准大概有两种面向。一种是面对环境行业的约束，如石油行业、水泥行业、玻璃行业等，专业性较强。这类术语和标准只要清晰、准确即可。另一种是面向普通大众的，需要公众的理解和参与，如 $PM_{2.5}$、污染物标准等。关于这类数据，政府部门要重视做好科学解释，确保数据公开后，公众可以清楚地了解相关标准和公开数据。

其次，科学解释包括对人们在健康影响和健康防护方面的指导，健康知识的传递对于重塑人们的日常生活方式至关重要。2013 年 1 月 28 日，北京市疾病预防控制中心（简称北京市疾控中心）在其新浪官方微博上发布了一条提供给公众的＃应对雾霾天气＃的健康应对信息：

> ＃如何应对雾霾天气＃北京市疾控中心健康提示：由于空气严重污染及特殊的气候现象……大家非常关注细颗粒物 $PM_{2.5}$，目前研究发现其对健康的影响主要表现在心脑血管疾病和呼吸系统疾病方面。我们特提醒大家注意以下几点@首都健康@平安北京
>
> 1. 保持良好的身体状况，均衡饮食，饮食清淡，多喝水，注意增减衣物，充足休息，避免过度疲劳。2. 减少外出，缩短室外活动时间，年老体弱者和孩子，特别是心脑血管疾病患者更应注意保护，注意保暖，尽量戴口罩。3. 老人在雾霾天气时不要外出晨练，建议只在室内做些简单活动，并减少活动量。4. 注意保持室内空气卫生，极端天气不利于开窗通风，在这段时间应禁止和减少室内吸烟、过度烹炸食品和烧烤等加剧室内空气恶化的活动。5. 我市目前正处于流感等呼吸道传染病的高发季节，建议老人和孩子少去人群拥挤、空气流通差的密闭场所，远离有呼吸道症状的患者，到医院就诊时要戴口罩。

以上基本信息有利于公众提高日常防护，在“北京发布”“上海发布”等政务微博窗口和一般的媒体微博窗口都可以找到类似于北京市疾控中心发布的提醒信息。北京市疾控中心等的官方政务微博应该提高发布健康应对及健康知识普及信息的多元性和科学性。

最后,数据解释包括对专业性信息和稀有信息的解释。一些公众可能格外关注环境或健康领域的相关信息,他们往往需要一些科学界的最新研究成果。有关部门若能加强对权威期刊的前沿研究内容的引用,既可以弥补国内相关领域研究较为匮乏的状态,又可以提高自身的专业性。

总结而言,政府可以充分利用自身的官方网站、新闻发言人和政务微博等多种传播媒介为公众传递信息并互动,建立更加通达的环境风险传播渠道,完善各个传播渠道的功能。例如,积极使用微博、微信等社交媒体发布有关环境保护的信息,利用网站、新闻记者会或与电视台连线等方式回应相应的环境类问题,还可以在官方网站设置互动区,如网络分享、常见问答、电子订阅和知识小测验等板块。

三、关注环境保护中的情感互动

环保理念的社会化传播具有遍及全社会的潜在效果,公民思想和理念框架主要是通过政府和媒体的议程设置来完成的。换句话说,个体环保思想的激发需要明确的持续性刺激,而视觉效果的刺激更能达到效果。举例而言,丹麦环保局的官方网站是其进行生态理念传播的重要平台,首页图片所体现的人与自然休戚与共的环保理念十分吸引人(图 3 - 7),如“停止在饮用水钻井中使用注射器”和“17 亿年的时间将会让丹麦的溪流、海岸和湖泊恢复生机”等文字。同时,绿色基调的页面简洁、大方,以图片为主,传达出人类所处的蓝色星球需要精心呵护的环保理念。

从 2023 年我国生态环境部的官网首页来看,最优位置的图片有 10 张,介绍了国家领导人关于环境保护的重要讲话、生态环境部召

图 3-7 丹麦环境保护局官网

开的重要会议和国际环境会议等。主页上还有大量工作职能介绍和工作细节安排，有助于公众了解职能部门的工作重点。不过，需要注意的是，对于绿色环保信念的传达稍有欠缺。生态保护需要制度性设置，因为政府的宏观统筹是根本要素；但它同时也是情感的，因为人们在儿童时期从家庭、学校或社会习得的环保理念深植于大脑，相关的认知是决定人们的环保行为和面对政府环保政策时持何种态度的关键因素。从这一点上说，政府在自身的媒体矩阵中提供必要的视觉信息进行环保理念的传达是非常有必要的，为制度层面的传播做了有力的补充，甚至可以帮助人们更好地理解制度。

此外，提供便捷的检索服务也能给人们提供生态理念的情感支持。科学是发展的，人们的生态理念更新是一个长期的过程，并非一次突发事件就能改变人们的观念。因此，对相关信息的检索和关注习惯是需要锻炼的，一个稳定的信息科普网站就承担着此种功能。我国生态环境部的网站上提供了诸如“空气质量指数解读”“特殊污染物（$PM_{2.5}$、PM_{10}）解释”“我们可以做什么”“老人注意事项”“儿童注意事项”“科普小视频”“教师工作坊”等方面的链接，方便公众进行个性化信息检索，达到更好的传播效果。

2012年，我国环境保护部将$PM_{2.5}$和臭氧列入空气质量监测指标，环境保护部科技标准司拍摄了《大气环境与健康之$PM_{2.5}$》《大气环境与健康之臭氧》两部纪录片进行科普，详细解释了$PM_{2.5}$、臭氧及其来源、危害，以及如何改善、普通人如何避险等。

第四节　多元化的风险沟通关系构建

我国相关部门应努力构建高效的传播网络渠道，使风险信息的内容、观点、意见得到高效流通，降低公众的忧虑，提高公众采取避险行动的效率，并培养知情的、参与的、有兴趣的、理性的、有思想的、致力于解决问题的合作群体。

一、政务微博应加强与其他风险放大站的沟通

政府部门应根据公众的风险感知心理，科学、合理、人性化地解释风险科学信息，并明确公众和媒体所需的信息。政务微博要加强网络关联，提升自身的形象，其中一个重要的前提就是管理部门应意识到科学、准确地对公众进行数据解释的必要性。同时，还要重视环境、科学领域的专业媒体和科学工作者提供的相关信息，沟通多方，传递科学信息。政府作为风险管理者，为了更好地实现风险信息服务、公众教育的职能，应加强与有一定影响力的风险放大站的关系网建构。

针对雾霾事件，笔者对一些政务微博在新浪微博平台发布的信息和关联行为进行了观察，发现政务微博之间针对污染数据的信息发布建立了一定的关系网。比如，北京市疾控中心通过@首都健康、

@平安北京等政务微博建立了简单的同质性网络，但上述政务微博的影响力都较弱，导致其在提高风险服务信息的多元性和信息扩散方面的效果不太理想。

相较而言，其他放大站进行了对公众环保动员、科学传播、健康应对等议题的建构。笔者认为，政务微博可以加强与这些风险放大站的互动，建立起覆盖异质性信息的网络，更有利于政务微博完善风险沟通的职能。

传统媒体和新浪新闻产品转发超过 1 000 次的微博的比例超过 80%，意味着即使有了政务微博平台，媒体仍然在“信息公开框架”的建构中发挥了主要作用。将信息及时、准确地发布给公众是政府管理部门和媒体的重要职责，在风险事件发生时，媒体有义务配合政府部门进行信息的传递，如实传递有关政府方面的正面信息。财经网在 2013 年 1 月 15 日发布信息：“李克强谈空气污染治理问题：要及时、如实公开 $PM_{2.5}$ 数据。”政府微博应加强与各类风险放大站的关联，这有利于满足公众日益增长的与管理者进行互动沟通的需求。政务微博应注重选择性地回应其他放大站的风险感知类微博。公众的风险感知是复杂的，风险管理者的人文关怀可以建立信任，继而降低公众风险感知的复杂性。

当一种媒介手段变得越来越普及，越来越被人熟悉之后，即时协调将越来越多地取代对事件的提前安排，而公众的反应也将更加难以预料。在这样的情况下，政府管理部门在风险沟通中对意见领袖的怀疑或忽视态度对事件的解决是不利的。重要的风险放大站应该成为国家相关部门在风险沟通中的重要合作者。

媒体议程由于受到制度和规范的限制，在政治议题的讨论中是相对可管理的。在 2003 年“非典”以前，媒体经过主管部门的同意后才能发布风险信息，而在“非典”中，这一机制得到调整，到 2009 年甲型 H1N1 流感相关的信息发布时，媒体已经成为政府部门进行风险沟通的重要合作伙伴。《人民日报》在《今日谈》栏目上刊发的社论《美丽中国呼唤共同行动》指出，在雾霾事件中，正是因为政府部门实事求是的态度，才使事件"激发起不寻常的透明度"，从而有助于构建积极、正面的国家和政府形象。

媒体既要承担科学传播者的角色，创造有效的信息并满足公众的信息需求，又要通过议程设置发挥社会监督者的作用，还要为公众提供信息讨论的平台。基于此，媒体利用自身在信息获取和在公众中的影响力，建构了多种类型的风险框架，从不同角度满足了公众对风险信息的需求。媒体尤其是大型媒体就雾霾事件在微博的传播网络中占据重要位置，它们强大的网络影响力和扩散能力有利于构建相对稳定的风险沟通网络。政务微博与媒体微博的积极互动可以有效地增强政务微博的信息服务功能，培养出自身的"粉丝群体"，提高影响力。

因此，政府在风险沟通中要"善待媒体，善用媒体，善管媒体"[①]，积极与媒体协商合作，不能用消极或对立的态度来应对，一方面允许媒体及时发布消息，另一方面还要关注媒体的舆论导向，所以政府相关部门应不断提高维护媒体关系的能力。

此外，意见领袖在公众环保动员方面拥有影响力优势，可被视作社区和社会组织间至关重要的中介（go-between）和信息代理人（information broker）。因此，政府部门应该注重对意见领袖进行公众动员，推动集体环保行动，配合国家的可持续发展战略。管理部门在对意见领袖的培训中，应该充分利用其优势，借助他们的力量提高公众的环保意识。

① 黄志斌、林响：《新媒体舆论工作的职责使命》，2016 年 12 月 17 日，人民网，http://theory.people.com.cn/GB/n1/2016/1217/c40531-28956969.html，最后浏览日期：2023 年 8 月 10 日。

在雾霾事件的公众动员框架中，很多意见领袖对公众行动的倡议较为笼统，缺乏实际性的指导价值和倡议效果。具体而言，他们对公众在节能减排方面的倡议较少，比如如何省电，如何节能减排，只有白云峰、张泉灵等少数意见领袖进行了相关方面的呼吁，这体现了管理者培训意见领袖的必要性。

要发挥意见领袖在议题上的影响力，相关部门应该设立沟通目标，进行持续的针对性培训，使意见领袖充分理解其中的信息，并保持一定的激情。最好的效果是将意见领袖培养成关于某些议题的传播者、教育者，充分发挥其与朋友、亲人或其他群体针对相关议题的沟通能力。

二、媒体从单一社交媒体到多媒介平台融合使用

微博的优势是内容短小精悍、传播速度快，但一条 140 个字的微博有时很难将涉及复杂科学知识的背景信息解释清楚。因此，实现微博与长微博、博客等的多种互动，促成媒介融合是风险信息内容传播的重中之重。

首先，记者应该建立一份专家名单，政府部门、各类组织也可以作为信源中的重要组成部分。同时，记者应该评估这些信息源的名望、可信度与真实性，着重挖掘优秀信源的价值，所做的报道应该尽可能地倾听多方面的声音。与环境有关的新闻作为一种科学传播，信源的组成比例影响新闻报道的科学性和真实性。

其次，媒体要善用“自回帖”。2012 年 12 月，《生命时报》对《2010 年全球疾病负担研究报告》(Global Burden of Disease Study 2010)进行了报道，当时这并未引起广泛关注，但它提供了很多有价值的信息内容。如果相关报道发布在雾霾事件之后，或采用自回帖的形式

进行信息的再扩散，并补充新的情境和新闻要素，会更有利于帮助人们从更多的侧面来理解信息内容或表达观点。

例如，财经网在 2013 年雾霾事件的风险沟通中表现得较为出色，这与它充分利用了微博"自回帖"技术的特性密切相关。

> 财经网：【车用汽油国标：37 名制定者 26 人来自石油石化】中石化承认油企对雾霾天有责任称因国标太低。律师赵京慰表示，在参与最近的车用汽油国家标准修订的 37 名委员中，来自石油石化系统的委员即占 26 名。这次修订完全是石油石化系统在自说自话，根本无法代表社会各界的声音。（2013 年 2 月 2 日）
>
> @财经网：【中石化董事长傅成玉：非油企质量不达标乃国家标准不够】中石化董事长傅成玉 31 日在京表示，炼油企业是雾霾天气直接责任者之一，但这并非因油企质量不达标，而是我国标准不够……标准不提高设备改造就上不去。（2013 年 1 月 31 日）

再次，改善媒体及相关从业人员在风险沟通中的互动行为，为传统媒体的全媒体转型提供"试验场"。通过微博端口将网站上发布的"专题"带入公众视野，既可以检验新媒体技术的使用效果，也可以调动与公众的互动，维持媒体用户的关注度。比如，传统媒体可以与新浪网深度合作，开发信息服务，了解用户使用微博的习惯。头条新闻是新浪微博开发的新闻发布平台，有数以千万计的粉丝。由于移动互联网公司在信息获取技术方面的优势，形成了以头条新闻为重要模式的内容媒体。这类媒体成为不可忽视的环境风险信息传播平台和受众参与平台，设有投票、微话题、微评论等板块，为公众参与提供了极大的便利。在雾霾事件中，传统媒体多是对一般内容展开报道，新浪微博等新媒体对多元化信息的传播及与公众的即时互动很好地弥补了传统媒体的短板。

最后，建立科学传播社会网络。如果说传统媒体时代，记者应该建立专家名单，那么社交媒体时代，媒体与记者都应该建立一种更注重科学性传播的社会网络，并使之常态化。该网络中的放大站可以提供更为丰富和可靠的科学信息或科学信息的来源。由于雾霾事件具有典型的科技风险特性，所以相关学者的研究及研究报告应成为记者主要参考的重要信息源。从下面的内容可以发现，记者对科学信息源的关注和追溯有所欠缺，很多时候是网友或非专业领域的意见领袖竭力号召记者对严肃信息源进行参考或跟进。

> @风物长宜凤舞九天：主要有香港科技大学陈教授团队，清华贺克斌教授团队，西安曹军冀研究员团队。没看到庄国顺教授团队的大量文章，都是北京、上海的数据。
>
> @科学松鼠会：【大气污染相关论文】@田不野：学术期刊真是与时俱进……大气环境研究的业内一流刊物《Atmospheric Environment》把近几年中国大气污染问题的相关文章都拎了出来供查阅。有兴趣的媒体记者们可以跟进了，这些文章的作者是真正做大气环境研究的科学家。(2013 年 1 月 15 日)

从某种程度上而言，为公众提供科学有效的应对雾霾的健康类知识是媒体的重要职责，除了官方的信息，媒体也应对其他意见领袖的信息加以关注。

/ 第四章 /

风险放大主体的关系网络分析

社会网络分析(social network analysis)是一种理论范式,已经形成一套相对完整的理论和方法。20 世纪 90 年代之后,社会网络理论之所以能够在美国社会学与管理学界成为显学,很大程度上归因于其实证能力在社会学理论中的独到之处,即理论与方法的配合。社会网络理论在职业流动、社会资本[①]、经济理论[②]、社区精英决策、信息传播与扩散、社会支持、共识和社会影响等领域表现出良好的研究前景。[③]

社会网络理论是罗伯特・金・默顿(Robert King Merton)提出的"中层理论"的一个典范。中层理论是连通大型理论与微观理论的桥梁,大型理论的特点在于无法证伪,而微观理论则太过于强调实证,忽视了理论的指导,中层理论在某种程度上弥补了这种断裂。

---

① [美]林南:《社会资本:关于社会结构与行动的理论》,张磊译,上海人民出版社 2004 年版,第 18—27 页。

② M. Granovetter, "Economic Action and Social Structure: the Problem of Embeddedness," *American Journal of Sociology*, 1985, 91(3), pp. 481 - 510.

③ [美]斯坦利・沃瑟曼、凯瑟琳・福斯特:《社会网络分析:方法与应用》,陈禹、孙彩虹译,中国人民大学出版社 2012 年版,第 5 页。

社会网络理论最早是在20世纪二三十年代由英国人类学家阿尔弗雷德·布朗(Alfred Brown)提出的。该理论认为,社会是由一群行动者、行动者之间的关系及这些关系构成的网络结构组成的。其中,点代表个体行动者,线代表关系,点和线组成的网络构成为关系的情境。社会网络理论为社会网络分析方法提供了重要的理论基础,衍生出很多重要的经典理论,如同质性与异质性网络等网络结构特征理论,六度分隔理论等网络联结理论和社会学提出的社会资本等解释网络联结价值的理论等。

社会网络分析已经发展出了多种描述和分析网络关系数据的方法,常用的有图论、社会计量学和代数方法。图论就是使网络关联结构可视化。雅各布·L.莫雷诺(Jacob L. Moreno)、库尔特·勒温(Kurt Lewin)和A.贝弗拉斯(A. Baveles)主要从数学方法和图论等计量学角度对群体与场域的关系进行研究。1930—1935年,劳埃德·沃纳(Lloyd Warner)又做了著名的"扬基城"(Yankee City)研究。扬基城研究报告使用各种图来表示阶级结构和家庭组织等关系模型,特别是明确地使用了社群图,还使用了现在所称的"位置分析"方法。彼得·桑德曼(Peter Sandman)认为,在风险管理中,政府、专家、大众或媒体由于各自所处立场的不同,风险认知不同,进而会产生不同的行为。社会网络分析就是对行动者的行动及行动效果进行研究。

本书对联结进行界定的标准主要是@功能。它是参与评论的一种方式,也是比转发和评论更为积极的一种互动方式。在各类网络平台上,原作者能够直接地接收反馈信息,这也就意味着评论者以一种更积极的心态发表评论或希望得到原作者的关注。

第一节　整体网络特征分析

整体网从宏观角度来研究网络结构，整体网络规模、网络密度、聚集系数、网络中心势、网络中介性等都是衡量整体网络结构的重要指标；整体网络规模越大，包含的个体行动者越多，网络就越可能呈现出复杂的特征；整体网密度越大，说明结构洞存在的可能性就越小。对于一个事件的讨论，整体网可以为个体进行社会网络的建构和完善提供宏观参考。

整体网络结构特征影响着族群和个体的网络信息交换，如果一个网络中不存在一定数量的中心节点，关系通道就难以建立，会导致网络不稳定，不利于风险信息的交换。同时，从整体网络结构来说，异质性网络更有利于信息的横向扩散和信息的多样化。异质性网络在信息横向扩散方面具有无可替代的重要性，但可能无益于知识和信息在纵向上的深入讨论。比如，一些 NGO 及其成员由于自身网络影响力的限制，往往需要借助族群中的其他"桥"来实现信息的扩散。因此，笼统地判断网络结构的优劣是不明智的，根据自身议题的特点进行有意识的网络结构建构是更为科学的选择。

整体网的分析主要由网络规模、网络密度、平均距离、聚集系数、网络中心势和中介性几个要素组成。本小节主要分析这些有影响力的放大站组成了怎样的社会交往网络来传递、讨论、扩散或缩小风险。

一、网络规模

网络规模指社会网络中包含的行动者数量，即节点数量，具体在社群图中表现为参与节点的数目。网络规模是衡量网络结构的重要变量，一般情况下，网络规模越大，涉及的个体行动者越多，个体行动者之间联结形成的“边”和“弧”也就越多，研究和分析网络结构的难度就越大。同时，网络规模越大，个体的地位不平等性和个体差异性就越大，尤其是在风险事件的沟通中，管理难度和沟通难度会加大。

本书选取的风险放大站网络规模为105个有较大影响力的行动个体。相对来说，这种网络规模适中，笔者选取的个体社会结构完整，政府、媒体、意见领袖、NGO、科学团体等资源力量组成结构体现了社交网络媒体场域中多元主体参与社会治理的样态。

二、网络密度

互联网世界建立起来的网络联系比传统社会网络的异质性更强，但密度上可能更为疏松。网络结构、网络规模、网络密度、平均密度是非常重要的量化指标，网络密度反映的是社会网络关系的密切程度。通常情况下，网络密度越大，网络成员之间的关系越密切。无向网络图网络密度的计算公式如下：

$$\Delta = \frac{L}{N(N-1)/2} = \frac{2L}{N(N-1)}$$

对于有N个节点的网络图来说，L表示实际的连线数。在无向图中，N(N－1)/2表示理论上最多可能拥有的连线数。

有向图的密度计算公式如下：

$$\Delta = \frac{L}{N(N-1)}$$

在有向图中，最多的连线数为 N(N－1)。

笔者将研究中收集的所有节点和弧的数据录入 Pajek，沿着 NET/PARTITION/DEGREE 进行网络密度计算，得到的计算结果如下：

Density1 [loops allowed]（密度）＝0.035 156 3

Density2 [no loops allowed]（密度）＝0.035 526 3

Average Degree（平均度）＝6.750 000 0

可见整体网络密度越大，对个体行动者的态度、行为产生的影响就越大。从以上结果来看，网络密度为 0.035，意味着整个网络联结的密度为 3.5%（网络实际拥有的点与点之间的联结与理论上应该拥有的最大程度的联结的比值）。数据表明，该网络密度较低，说明节点之间的互动较少。

平均节点程度是把所有的节点程度加总平均，本网络的网络平均度为 6.75。网络密度与网络规模有很大的关系，但网络平均度不受网络规模的影响，所以网络平均度也针对不同的网络进行度的比较。研究结果显示，网络平均度的数值较大，说明这些节点之间的距离越近，联结越多，密度越大。从数据可知，他们在环境风险信息资源的沟通和互换等方面不充分，连接关系仍需加强。

三、平均距离

从网络平均距离的计算结果来看，网络中节点对之间的平均距离为 3.799，就是说每两个风险放大站之间需要通过 3.799 个用户才能建立联系。这很大程度上是由于边缘节点较多，需要较长的距离才能到达其他边缘节点，从而拉高整体的节点对平均距离。

四、聚集系数

网络图的聚集性主要表示网络的传递性(transitivity),即所有闭合性双途径在网络中所占的比例,可以用网络聚集系数(network clustering coefficient)来衡量。这可以解释为,在整个网络中,拥有共同连接点的两个节点直接相连的平均概率。

网络聚集系数是各个顶点的聚集系数的平均值。某个顶点的顶点聚集系数表示的是,在该顶点的邻点中,直接相连的邻点对占所有邻点对的比例。同时,只有那些至少拥有两个邻点的顶点才可以计算出顶点云集系数,网络聚集系数则是通过把点度至少为 2 的所有顶点的顶点云集系数进行加权平均后计算得出的。

由于瓦兹-斯多葛斯聚集系数(Watts-Strogatz clustering coefficient)是非加权平均值,所以通常用处不大。在本书中,一般的情况下运用的是网络聚集系数。在转化过程中,笔者将原有的有向网络转变为无向网络,因为在组群方面可以将方向忽略不计。因此,此聚集系数的计算为无向网络,可以表示三人组的小群体。经计算,本网络的网络聚集系数为 0.164 61,意味着 16%的网络节点有三人组的组合。

五、网络中心势和中介性

网络中心势是网络节点靠近中心位置的距离。笔者在研究中运用 Pajek 软件,对雾霾事件风险放大站网络的中心势进行测量,整个网络的中心势为 0.392 04。这表明该网络结构的中心性不是很强,也就是说大部分节点与中心节点的平均距离较远,节点之间的关系并不紧密。中心势越高，说明其他大部分节点与中心节点直接连通的可能性就越大。

网络中介性指通过中介环节，一个节点与中心节点联结的距离，用于检验网络节点之间的联结结构及其与中心节点的联结距离。笔者运用 Pajek 软件，对雾霾事件风险放大站网络的中心势进行测量，结果显示的中介性为 0.290 40，中介性不高，说明一个节点到达中心节点的平均路径较长。在获取知识和信息的过程中，往往通过中心节点可以联结更有价值的信息并使信息产生更广泛的扩散影响。中心性和中介性都较低，则意味着整个网络连通的效率不高，在信息获取和信息扩散能力方面有待加强。

从图 4－1 展示的网络结构（根据 Pajek 软件导出）可以看出，它呈现为“核心层—中间层—边缘层”三个层次，且对风险的放大效果随着中心—边缘的差距有所变化。核心层共 24 个放大站微博，包括北京环境监测、天气预报、《人民日报》、财新网、央视新闻、央视财经、头条新闻、绿色和平、自然之友及其他意见领袖，形成了整体网络中的核心网络群，机构与个体的比例均衡，意见领袖的社会知名度较高。核心层主体与其他主体的交互较多，拥有的社会资本和资源调动能力较强。中间层共 32 个微博用户，包括气象北京、环保北京、新华视点、《新京报》、《南方都市报》、《经济观察报》、《生命时报》等媒体及其他意见领袖，个体与机构的比例也较为均衡。边缘层共 49 个微博用户，包括上海发布、北京发布、北京市疾病预防控制中心、《南方周末》、中国环境报、财经生活网、《财经》杂志、凤凰财经、果壳网等。在边缘层的用户中，个体放大站多为单一领域的专家或在某一话题领域有突出提议的媒体工作者。

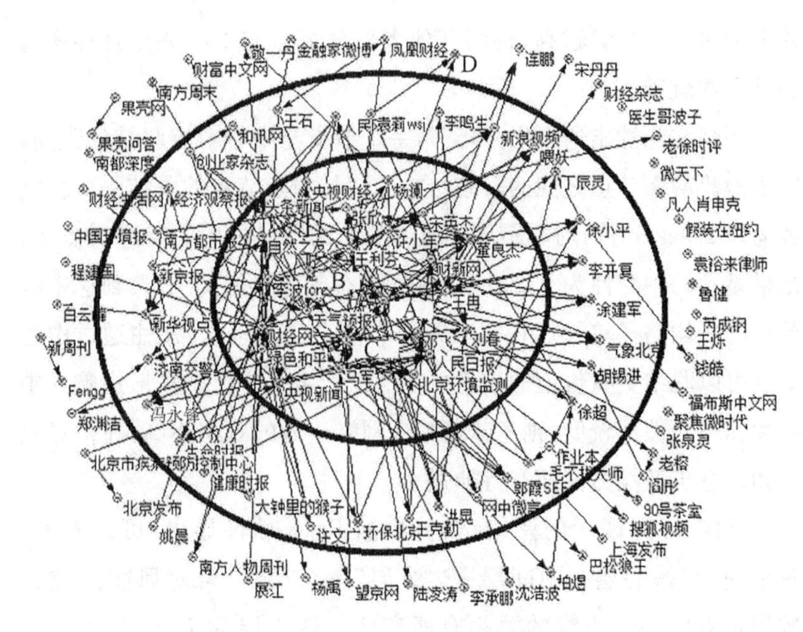

图 4-1　风险放大站的整体网络图①

第二节　风险放大站的族群网络结构分析

勒温最先提出“场域”的概念，并采用拓扑学和集合论等数学技术对“场”这种社会空间进行分析，说明群体与环境的相互关系。他在麻省理工学院(MIT)开展的一系列工作极大地推动了后来的群体动力学，他还用数学方法开展群体关系的研究。勒温的学生贝弗拉斯在二战末于 MIT 创立了“群体网络实验室”，针对群体关系与组织关系，用不同的图示表达所研究的沟通模式，并分析其关系结构。

① 出于各种原因，有些主体的微博账号已注销，故本书用代码指称。

族群网络研究可以明确不同族群之间的关联紧密度及族群成员关系的结构特点。对族群之间的网络关联及族群内部的结构特征的分析是对整体网络结构形成原因的进一步细化分析，是整体网络研究的一个分支，可以更好地解释整体网络结构形成的原因，并在整体网与个体网之间建立桥梁。

族群的网络结构以同质性为主，有利于知识向深度扩展；族群间的网络结构以异质性网络为主，有助于知识向广度扩展。信息的交换和互动更容易出现在同质性的个体或组织之间，个体或组织之间易于形成同质性网络是因为它们拥有相似的教育背景、兴趣爱好和社会地位等。早在 1964 年，罗伯特・金・默顿、巴里・韦尔曼(Barry Wellman)和沃特利(Wortoley)等人通过研究发现，互联网世界中建立起来的网络联系比传统社会网络的异质性更强，密度上可能更为疏松。罗纳德・S. 博特(Ronald S. Burt)也表达了他对异质性网络的重视。他认为，如果某一个体将他的朋友推荐给同一圈子中的其他人，并且提供的推荐信息也是类似的，那么这种推荐关系就是重复的，而且是无效的。因此，要在圈层中进行有效的信息扩散，就要充分挖掘陌生群体、陌生关系和陌生信息。

一、主流媒体处于网络中心

在媒体族群内部，主流媒体(如央视新闻、《人民日报》、财经网、头条新闻等)在与雾霾事件有关的风险沟通网络中靠近中心位置(图 4-2)，它们自身的影响力较大，对其他节点的依赖性小。比如，财经网对媒体的关注相对较少，但许多意见领袖都与财经网发布的信息进行了互动，吸引了更多的人关注。这说明财经网有较为强大的新闻生产能力，推送的信息内容具有较强的实用性。由于得到诸如姚晨、敬一丹、张泉灵等名人的转发或互动，信息的二次转发影响力也有所增强。

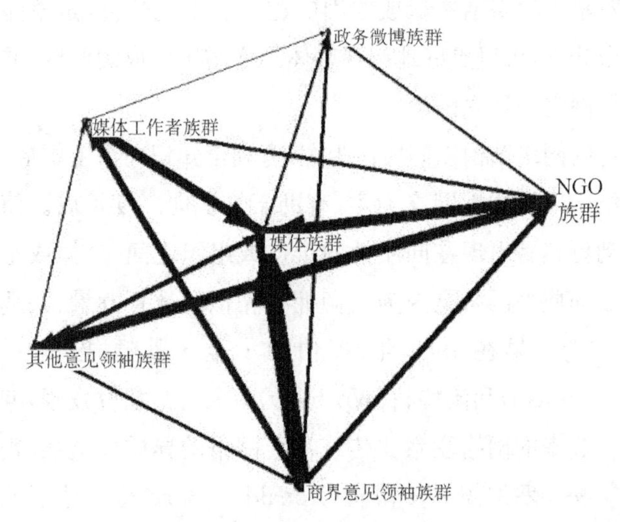

图 4-2　网络族群关联结构

一些处于边缘位置的媒体，如《生命时报》、《健康时报》、《财经》杂志、金融家微博等则依赖于主动与有影响力的专业媒体或居于中心位置的意见领袖进行互动，进而使自身发布的风险信息进入公众视野。

媒体族群互动中的重要部分发生在族群内部。媒体与媒体之间相互关注，尤其是一个集团旗下的媒体试图通过@等行为来提升影响力，如财经网@财经网生活，《南方都市报》@南都深度等。另外，媒体一般与本媒体的知名记者或总编的互动较多；一些专业记者，如张泉灵、敬一丹、鲁健等多为信息的发布者，较少参与互动。

真正进行异质网络建构的行为多发生在极少数媒体中，如财经网（入度=8，出度=11）和央视新闻（入度=5，出度=9）非常重视与意见领袖的互动、沟通，通过@的方式直接在文本中体现出来。极少数精英媒体改变了传统上以政府有关部门和专家为主要信源的习惯，而是将少数意见领袖和相关的媒体从业者作为信源或讨论话题的组成部分。这也就意味着意见领袖的风险框架设置开始进入媒体的风险框架建构，甚至意见领袖的转发和评论效果要远高于媒体依靠自身网络形成的风险沟通效果。表 4－1、图 4－3 就是财经网主动转发意见领袖白云峰的微博的情况：

表 4－1　白云峰的微博转发情况

用户列表	粉丝微博数量(条)	被转次数(次)
白云峰	2 149 285	2 603
财经网	6 064 279	1 421
易鹏	1 884 901	139
公众环境研究中心马军	32 375	132

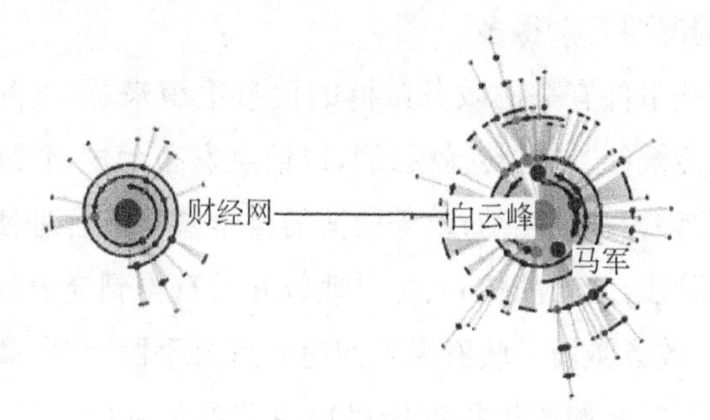

图 4－3　白云峰微博的转发网络图

通过研究发现，社交媒体的风险沟通表现与媒体的数字化发展密切相关。对于媒体来说，这不仅是一次与环境保护有关的风险沟通，也是媒体尝试数字化运作的表现。媒体从业者的入度与出度并不是很高，但该族群仍能与媒体群和意见领袖群保持密切关联。例如，王冉、洪晃、胡锡进、杨澜等人是兼具媒体从业者与媒体经营者双重身份的个体，同时有商界意见领袖的特质，日常中与商界意见领袖群体或与自身所在的媒体进行较为活跃的互动。

总结而言，媒体与意见领袖的网络结构存在“隐性”关联的问题。换句话说，媒体发现并使用了一些意见领袖提出的风险框架话题，但在微博文本或关联行动中没有提到该意见领袖；意见领袖的关联行为则恰恰相反，绝大多数情况下，如果他们是在媒体微博的基础上转发或评论信息，就会在微博关联中直接@该媒体。

二、政务微博参与互动的意识有待加强

在与雾霾事件有关的信息发布中，政务微博是发布 $PM_{2.5}$ 风险数据的主要来源，某种程度上体现了政府对公众风险感知的认知思维。决策者认为，只要风险事件得到控制，公众的风险感知自然会降低，但实际情况要复杂得多。

从与雾霾事件有关的政务微博的信息组织来看，大部分政务微博仍然沿用传统的“线性传播模式”，以信息发布为主，管理上相对简单，对公众的评论缺乏互动；政务微博的科学管理和合理使用仍处于探索和起步阶段，政府的核心、主导地位并没有得到充分体现。在社交媒体时代，政务微博是政府风险沟通的重要手段，官方微博的开通意味着政府部门开始积极扩展传播渠道并参与其中。但是，政务微博沟通能力较弱的表现与政府部门拥有的实际能力不匹配，某种程度上反映出政务微博的相关运作机制和规范尚不成熟，实质性传播效果有待加强。

政务微博的定位是风险信息的发布者，但只将微博作为信息发布渠道，忽视微博社会网络的建构和利用，少与其他风险放大站进行互动（无论是主动还是被动），最终形成的是单点信息传播模式。在

众多媒体中，只有北京环境监测存在邻接点，气象北京、环保北京、上海发布等政务微博都处于边缘位置。处于网络的边缘位置意味着它们发布的风险信息只能通过自身的影响力进行传播，无法借助其他节点的力量，有效风险信息的影响力大大减弱。整体来说，政务微博的出度基本可以忽略不计，处于网络的边缘位置，只有媒体族群和商业界意见领袖族群中的行动者@北京环境监测和气象北京等政务微博。由此可以判断，政务微博在 2013 年雾霾事件中的风险沟通能力较弱。

政务微博往往承担着信息源的角色，如北京环境监测等。一般情况下，政务微博的运营者通常受过相关的专业训练，关于主题风险的知识结构优于普通的个体。同时，其他放大站是政务微博扩散的重要中介。如果形成以其他放大站为核心的多点扩散模式，有利于政务信息在其他中介的网络中扩散。

表 4-2、图 4-4 是笔者采用北京大学的 PKUVIS 微博可视分析工具分析的上述一则风险传播信息的微博扩散路径。除了发布者自身的扩散，头条新闻、洪晃、刘春、天气预报、科学探索等风险放大站也参与了信息的再扩散，这些重要的二次转发和扩散节点大部分仍然属于本书框定的风险放大站，其转发有利于北京环境监测所发布信息的扩散，提高了影响力。

表 4-2 北京环境监测的微博转发情况

用户列表	粉丝微博数量(条)	被转次数(次)
北京环境监测	15 464	12 831
头条新闻	18 231 581	1 500
C	15 230 795	1 496
洪晃	7 368 594	1 405
微博搜索	1 951 955	1 209

(续表)

用户列表	粉丝微博数量(条)	被转次数(次)
新京报	3 073 080	1 101
天气预报	2 360 294	199
刘春	1 695 937	194
坤庭抗衰老	3 073	193
科学探索	536 803	185
气象北京	107 029	148
环保北京	149 024	135

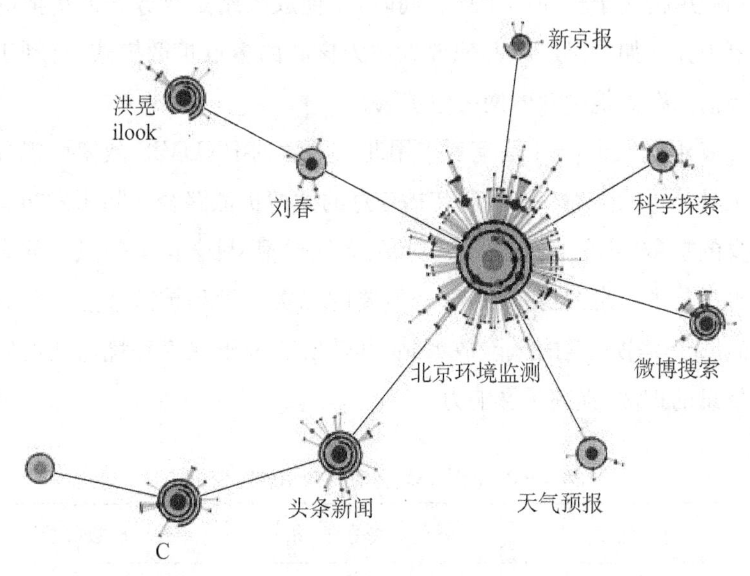

图 4-4 北京环境监测的微博转发路径图

从关系结构的角度来说,建构一个可以互动、对话的风险沟通平台,需要政务微博加强网络关联的意识和建构。在这个信息共享的时代,政务微博是政府进行风险沟通的重要手段,加强与公众的互动，提供并传播实用性强、服务民生的内容才能得到公众的认可，最终达到开设政务微博的目的。

三、意见领袖群体善于通过互动组织资源

从意见领袖的社会网络分析来看，他们将自身的社会资本嵌入网络结构，通过互动来组织资源，实现信息和观点的扩散。虽然个体意见领袖的网络结构能力有限，参与的风险议题也有限，但作为一个群体，商业界的意见领袖具有巨大的网络整合能力和组织能力，他们可以将政务微博和媒体作为重要的信息来源，并在此基础上解释与诠释风险信息。同时，他们还可以联合兴趣相同的其他意见领袖发挥公众动员、科学知识传播等功能。

图 4－5 是各放大站的粉丝量情况。可以看出，进入此榜单的媒体有头条新闻、新周刊、财经网、新浪视频、新华视点、人民日报、南方

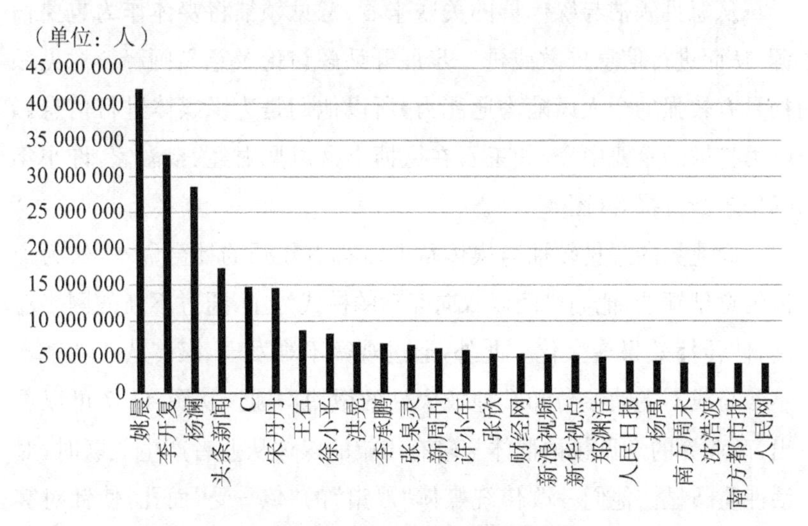

图 4－5　各放大站粉丝量对比

周末、南方都市报和人民网，其他基本上是个人。这也就是说，在雾霾风险沟通网络的建构中，意见领袖本身具有得天独厚的优越条件，其自身具有非常强大的吸引公众互动的社会资本。

意见领袖群体与媒体群、媒体从业者和 NGO 这三大群体的联系较为紧密。这一群体之所以能够与媒体、媒体从业者、NGO 组织及其成员保持密切关联，首先是由于商界意见领袖在公众中具有较高的名望和信任度，如郑渊洁等人在 $PM_{2.5}$ 信息公开的争取上已经建立了较高的个人威望。因此，他们的积极参与有利于引导相关议题向更深远的方向发展。其次，由于该群体中的个体行动能力都较强，他们更为主动，能够更有针对性地选择有影响力的行动者加强关联网络。在这样的情境中，与他们关联的节点也容易受到其转发与互动行为的影响，从而形成一个影响力更为稳定的风险沟通网络。总结而言，意见领袖在建构高效、可信的风险沟通网络中的作用不可替代。

从意见领袖与媒体群的关联来看，意见领袖将媒体作为重要信源，从而进行信息扩散或进一步展开话题讨论及意义阐释。意见领袖具有较强的个人风险沟通能力，所以他们是边缘媒体进行信息影响力扩散的重要中介，如王石在微博上@凤凰财经、金融家，许小年@华尔街日报等(图 4 - 6)。

商业界的意见领袖与媒体从业者都有较强的社会资本，作为个体的意见领袖，他们之间以双向互动的模式为主，通过不断的网络对话，使传播效果最大化。此外，通过观察不难发现，媒体从业者基本不参与或不主动参与和其他放大站的微博沟通。从图 4 - 7 可以看出，商业界的意见领袖群体与较有声望的媒体从业者产生关联时，对话性质凸显。他们一改传统媒体“严肃”的“传—受”面孔，使针对雾霾事件的风险沟通带有一定的人文气息。从社会资本理论来说，他

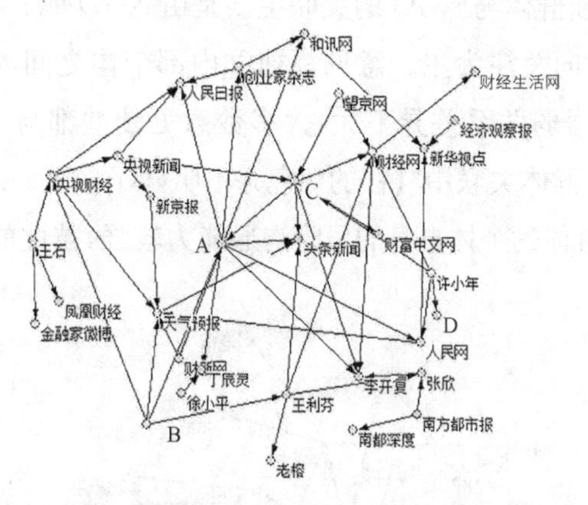

图 4－6　商业界意见领袖群体与媒体群体的关联结构

们都有较为多元的信息渠道，通过互动既可以提高彼此的知名度，也可以为对方的信息提供背景或知识支持。比如，敬一丹发微博倡议交警在雾霾天气执勤时佩戴口罩。此议题引起了刘春、杨澜等人的转发。这三名中介者都具有广泛的影响力，他们的加入使此议题的讨论扩展到更广的范围。

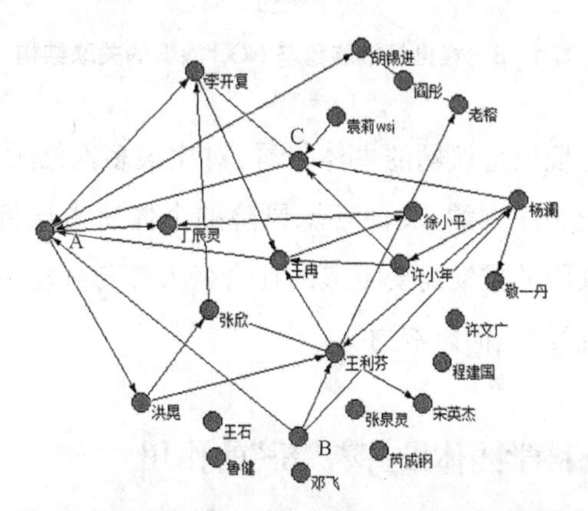

图 4－7　商业界意见领袖群体与媒体从业者群体的关联结构

意见领袖群体与 NGO 的关联主要是由 NGO 或 NGO 成员主动发起的，以单向关注为主。意见领袖群内部个体之间的强弱关系与两个群体的强弱关系差异不大，大多数意见领袖都与 NGO 群体保持联系，两个群体关联中“桥”的角色并不明显(图 4－8)。这主要是由于意见领袖群体的个体自身的风险沟通能力较强，彼此的依赖性小。

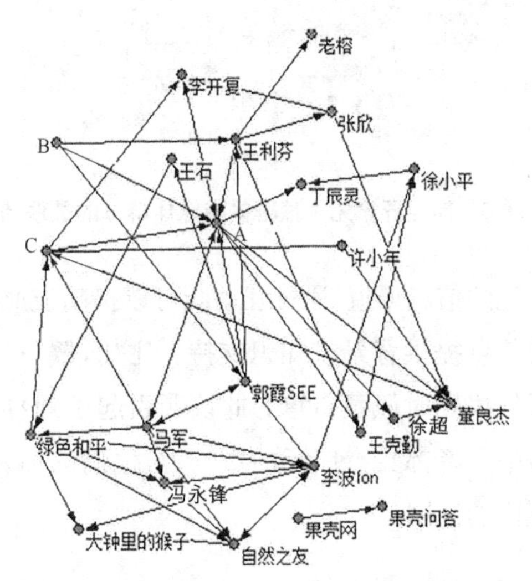

图 4－8　意见领袖族群与 NGO 族群的关联结构

从参与环境风险议题的主体来看，对比很多网络大 V 在微博上的影响规模与关注领域，关注环境风险的个体所占比例较小。对中国环境保护议题的推动需要更多的社会名人参与环境风险框架的构建，并发挥他们的正面影响力。

四、NGO 及科学团体发挥着“桥”的作用

在粉丝量较少的放大站名单中，NGO 及其成员、专业媒体占据

了大部分的名额,如绿色和平、自然之友、马军、李波等本身具有的粉丝量不超过六位数(图 4-9),与其他粉丝量较大的风险放大站相比,他们的社会支持较少,能够直接利用的社会资本不多。

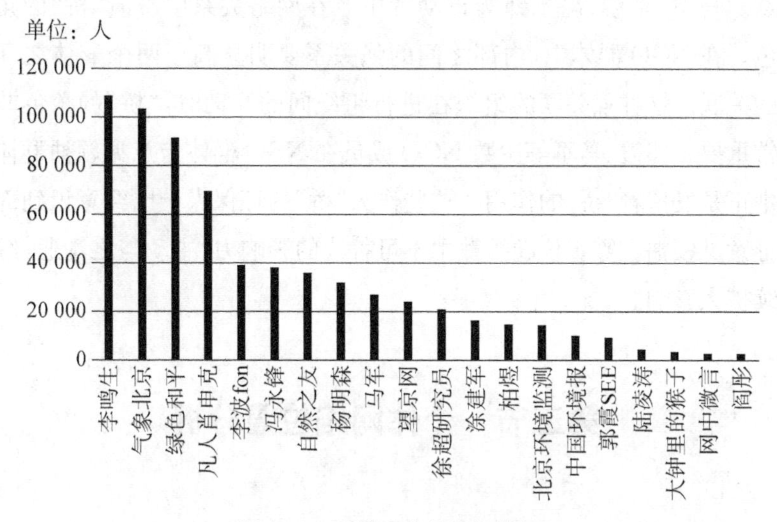

图 4-9　各放大站的粉丝数量

NGO 及其成员与意见领袖群体和媒体从业者存在一定关联。NGO 及科学团体的网络同质性较强,"桥"角色显著。美国社会学家马克·格兰诺维特(Mark Granovetter)强调了弱关系对于群体、组织之间形成纽带,即不同的群体和组织之间信息传递的重要性,认为强关系一般用于组织内部的联系。同时,有研究证明,个人在实际生活中的社会资本与社交媒体的使用存在正相关的关系,线下社会资本高的用户能更好地利用社交网络,有能力并积极主动使用社交媒体的用户更容易获得社会资本收益。自然之友、绿色和平等 NGO 联系的外部人群数量不多,与传统媒体、记者及其他社会名人,尤其是在网络中占有重要位置的人接触不够。另外,像科学网这样的科学团体，参与交流的表现更弱，虽然在科学网的网站上有很多相当有价值的科普知识，却很难大规模地传播出去。

NGO 群体积极参与环境议题的讨论，主动搜索信息并表达观点。马军、李波、冯永锋等行动者主要在网络关系中扮演“桥”的角色。在 NGO 群体中，内部之间的强关系要明显高于两个群体之间的关联。这种强关联的组织在进行组织间的互动时，“桥”的角色非常重要。郭霞、马军等少数 NGO 成员在 NGO 群体与意见领袖群体中正是发挥着“桥”的作用。这些作为“桥”的环保人士已经意识到部分意见领袖在雾霾议题扩散中不可替代的影响力，主动与之沟通，继续扩大影响。

第三节　个体网络位置分析

个体中心网络研究是最小网络结构单位的研究。在社会网络分析中，可以用入度、出度、中心度、中介性、约束系数等指标检验一个变量在网络中的位置。很明显，中心节点比边缘节点能更有效地调动网络关系和网络资源，并且中心节点一般对边缘节点有一定的网络约束性。但是，只对个体进行单纯的结构分析会陷入“结构等价性”陷阱，因为不同关联节点关注的话题不同。也就是说，看似相同的个体中心网络结构在风险框架的建构上会形成涉及不同类型议题的舆论场。

关键节点在信息、资源等的扩散过程中发挥着重要作用，甚至对整个网络结构的形成和改变有决定性意义。挖掘这些关键节点有两个作用：一是通过关键节点使信息或资源得到最大化的传播和扩散；二是通过移除社会网络中的关键人物，可以破坏和瓦解整个网络。

一、节点度高的个体占据网络的中心位置

位置和角色是社会网络分析学者分析社会结构时要考量的重要元素,也是社会网络分析区别于传统结构研究的重要方面。早在1950年,美国社会学家乔治·霍曼斯(George Homans)就在《人类群体》一书中分析了群体结构及个体在群体中的位置关系。位置主要分析节点在网络结构中处于中心还是边缘位置,角色用于研究位置之间的关系。位置研究主要包括中心位置与边缘位置的确认,节点之间结构等价性、自同构等价性的确认研究;角色研究是以位置研究为基础,重点关注"桥"、结构洞等概念。在信息网络中,角色研究还涉及分析信息源、信息中介等内容。在风险沟通中,对行动者角色位置的研究有利于提高风险沟通的效率及网络的信息通达性,最终提高有益信息的扩散效率,降低无效信息的扩散。

节点中心度指与某点相关联的边的数目,是测量网络中心度的一个重要测量指标,用以识别处于网络中心位置的个体行动者。节点中心度越高,证明其在网络中的位置越显著,与其他节点的关联度越高。具体而言,度为9代表该节点在该主题事件中与其他9个节点形成互动。

需要说明的是,社交媒体中的自由单向关注功能使得个体之间的联结即使同为1度,但代表的关系强度却有所不同。比如,A关注了B(A代表粉丝,B代表明星),B未关注A,可以认为A和B之间实现了1度联结;C关注了B(B和C同为明星),B也关注了C,可以认为B和C之间产生了1度联结。通过对比发现,B和C之间的1度联结权重要强于A和B之间的1度联结。有鉴于此,社会网络分析提出了入度与出度的概念:入度是指向该点的边的数目,即终止于

该顶点的弧的数目，如→A；出度则相反，指起始于该顶点的边的数目，如 A→。

节点度(关联度)是风险放大站网络位置测量的重要指标。微博是以社会网络为渠道扩散信息的，节点度越高，该节点在网络中越容易处于中心位置，对风险事件沟通的影响就越大；节点度越低，该节点就越容易处于网络的边缘位置；节点度为 0 的用户，会直接成为网络中的孤立点。

节点度大的点容易成为网络的中心节点，因为这些主体有较强的社会网络管理能力，在信息搜索和互动行为上的沟通效率较高。边缘节点在获取或传播信息方面严重依赖于该节点自身的影响力和与之关联的极少数节点的影响力。换句话说，在网络关联上，边缘节点受其他节点的约束系数较高，具体数据参见附录 2，约束系数为 1，代表边缘节点在网络关系中的关联完全受制于另一节点。如果节点自身和与之关联的少数节点都没有形成强大的扩散能力，那么信息将会沉没。由于微博是实时更新信息，如果仅靠自身的影响力，个体发送的信息会因为在其他个体的界面停留时间过短而被忽略。

节点度小会影响信息和观点的扩散。网络位置的差异在某种程度上意味着信息检索、信息识别、关系建构等方面的差异。比如，笔者在检索中发现，博主 iFansile 以“精神分裂，发个长微博，$PM_{2.5}$ 防护的那些废话”为题发表了一条长微博，就什么是 $PM_{2.5}$，如何佩戴口罩，选择什么型号的口罩，选择什么标准的空气净化器可以有效过滤 $PM_{2.5}$ 这些常识进行了科普。这条微博的内容是很好的科普信息，但因为博主 iFansile 的自我信息扩散能力有限，这条微博并没有得到大量转发。

二、个体的信息扩散能力不同

如果给节点度加上一个方向的限制,节点度可以被分为入度和出度。入度就是行动者被他人访问的情况,是其信息影响力和扩散力的体现。入度较大的个体一般是拥有强大信息整合能力的组织、机构或者受过专业训练,关于主题风险的知识结构优于一般的个体。出度就是访问他人的情况,是一个行动者在信息检索和互动沟通意愿方面所具能力的体现。但是,一个行动者的出度越大并不代表他的沟通能力就越强。

斯坦利·米尔格拉姆(Stanley Milgram)的六度分隔理论证明了陌生人之间会通过一定的网络联结取得联系,为不同个体、群体之间的理解和互动提供了理论基础。六度分隔理论对网络联结的一个很重要的启示是,研究者要求参与实验的人根据自己的判断,选择最可能与最终联系人有所关联的节点加以联系,而不是随机选择联结节点。比如,如果A与N联结的目的是寻求风险信息,那么在A→B→C→N的连接路径中,A对B或C的选择是基于A倾向于认为B还是C更容易对风险信息话题感兴趣;如果A与N联结的目的是获取娱乐信息,那么A可能会选择完全不同的路径到达N,如A→O→P→N。基于上述观点,笔者展开了有关角色的研究。

六度分隔理论体现的是个体行动者因为联结目的和结果的不同而选择不同的路径,并形成不同的网络结构特征。在这一网络中,入度较大的个体往往会成为重要的信息源,因为他的信息得到了大量转发;出度较大则说明该个体的活跃度较高。当然,活跃度高的个体不一定在网络中居于中心位置,还需要结合其他指标,如个体影响力

(粉丝数)、微博的转发量、评论量等综合考量。

布尔迪厄认为,个体社会资本不仅包括其自身拥有的资本数量,也包括与其关联的网络节点的资本;越是占据网络中心位置的节点越容易调动其他节点的资本。反之,也可以从个体联结的其他节点的社会资本判断该节点的社会资本优势。

从表 4-3 的具体分析来看,媒体微博的入度最大。例如,人民日报(入度=10,出度=1)、头条新闻(入度=7,出度=1)的入度远大于出度,说明它们是典型的信息发布者,拥有较强的信息整合能力,可以通过引用专家信源提供科学和实用的信息。比如,在 2013 年的雾霾事件中,钟南山院士和中国科学院大气物理研究所研究员王跃思是典型的专家角色,大气环境专家王跃思关于空气污染的报告和钟南山院士关于雾霾对人体健康伤害的言论是媒体进行科学信息扩散的重要内容。

表 4-3　放大站族群的入度与出度表

风险放大站	入度	出度
政务微博	18	6
媒体微博	92	55
商业界意见领袖	46	57
媒体从业者	32	30
NGO 及其成员	44	60
其他意见领袖	31	15

媒体入度较大主要是由于媒体具备突出的信息优势,大部分其他行动者仍将媒体视为重要的信息发布主体。关联密度主要受媒体群体中的中心节点的风险信息行为影响。在 31 个媒体微博样本中,

财经网(n = 18)、央视新闻(n = 13)、人民日报(n = 10)、天气预报(n = 10)、头条新闻(n = 7)、央视财经(n = 7)、财新网(n = 7)是中心度较高的行动者,其他媒体的影响力则较弱。大多数新闻媒体几乎不主动互动,其中典型的是两个评论量和转发量都比较高的媒体——人民日报和头条新闻。具体而言,人民日报是传统媒体的典型代表,头条新闻则是数字媒体的典型代表。

此处,笔者选择两家传统主流媒体进行分析。从图 4 - 10 和图 4 - 11 可以看出,人民日报与财经网都具有强大的信息生产能力。作为重要的信息源,它们对媒体的关注相对较少。两者的区别在于,人民日报并没有主动提高社会资本,财经网则有意识地与许多意见领袖进行了互动,主动"借力"。能吸引众多有名望之人的关注,说明财经网的信息内容具有较强的实用性,许多"大 V"进行了转发互动,增强了财经网所发布信息的二次转发影响力,有利于形成多点信息扩散模式。从人民日报的网络结构来看,它的信息影响力扩散主要是依靠自身网络关系进行的,多是单点信息扩散模式。

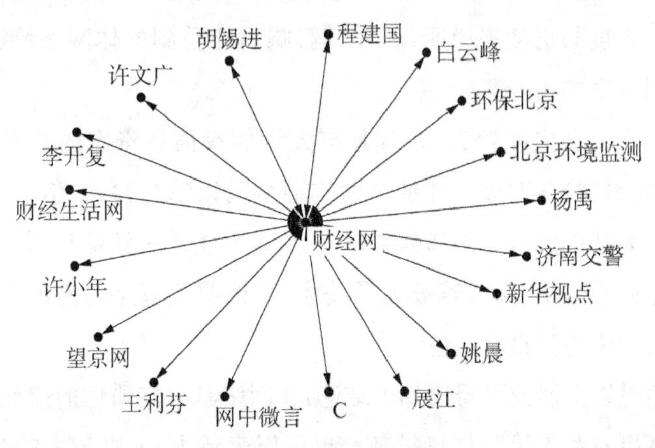

图 4 - 10　财经网的个体网络情况

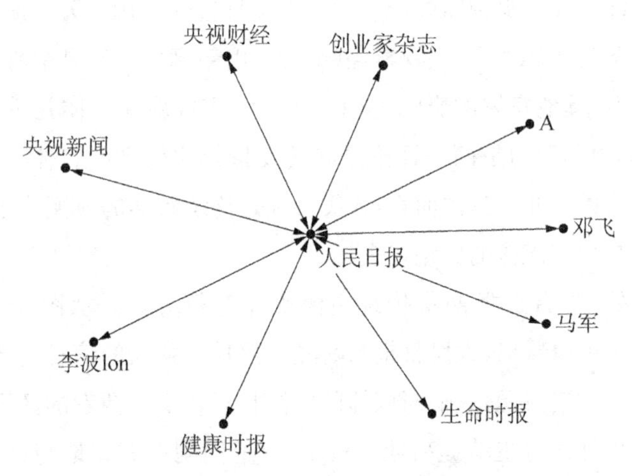

图 4-11　人民日报的个体网络情况

商业界意见领袖与 NGO 及其成员的出度明显大于入度。这两个群体的组成主要是个人，他们积极与其他放大站进行的互动对整个网络的信息关联产生了重要影响。从表 4-3 可以看出，这两个群体不但出度大，入度也很大。不过，它们在风险沟通中发挥的作用不能仅用入度与出度来说明，因为其影响力还受到群体网络特征和关系强弱的影响。

一个节点出度较大，尤其是与大量拥有信息资本的节点（如媒体）相联系时，表明该个体的风险沟通行动以信息检索、信息扩散或以信息为基础的意义阐释为主；一个节点既主动关注信息源，也主动与其他社会网络互动，若被大量关注，则说明该节点的角色多元，在风险沟通中扮演重要角色。

通过以上研究可得出如下结论：在网络具有同质性的情况下，节点度高更有利于风险信息扩散。也可以表述为，入度较大的个体形成较强影响力的可能性更大，但如果其所处的同质性群体的整体信息扩散能力较差，那么即使入度大的个体也未必形成强扩散。因此，必须综合考虑节点的信息扩散能力与该个体构建的网络结构，如果网络结构较为复杂，还应综合评估节点自身的影响力及与其关联的节点的信息扩散能力，不能简单以节点度这个单一指标评估其重要性。

研究结果显示，风险放大站已经形成了一个具有一定规模的复杂网络。当然，该网络的结构尚处于动态变化之中，风险沟通的整体网络结构并不成熟，需要不断完善。虽然整体网络的中心势不高，但该网络中已经存在明显的中心位置节点和边缘位置节点，只要中心位置的节点能够保持基本稳定，其他的边缘节点则可以在此基础上不断发展。

总体来看，个体意见领袖的微博与大众媒体的官方微博之间互动频繁，在信息方面互相印证，推动了有关风险信息的讨论。在微博平台上，公共环境风险的信息影响力方面，大众媒体和记者等专业性较强的主体占主导地位，其他机构与意见领袖发挥了辅助作用，尤其体现在对大众媒体所发布信息的转发和评论过程中。

三、异质性网络的传播扩散更有效

在异质性网络中，中心节点往往既是重要的信息源，也积极参与网络互动，承担信息桥的角色。比如，董良杰等人是信息提供者、社会动员倡议者，也作为信息中介的角色发挥作用；财经网、央视新闻等熟练运用新媒体技术的主流媒体在微博上的互动中往往会成为其他一般媒体和意见领袖扩散信息的重要中介。此外，在异质性网络中，节点的议题覆盖领域和能力差异性较为显著，在传播中要注意将个体节点与内容议题相结合，以实现更好的信息传播效果。

总结而言，一方面，异质性网络具有潜在的信息传播优势。一般来说，网络行动者在自身主动关注与他者主动关联（被动）这两种情势下构建自身的网络结构，并依附于该网络结构，其信息获取能力和信息扩散能力也受制于它。具体而言，政府与媒体在获取信息方面占据优势地位，是较为权威的信源；一些商界意见领袖的网络自觉意识较强，围绕空气污染及其治理的议题，主动建构了复杂的网络结构。这些意见领袖不仅与其他同质性的网络节点联系紧密，也积极地与媒体、NGO 环保人士等异质性节点进行关联，最大程度地利用了媒体的信息资源，有效地扩散了信息。

另一方面，节点度相同的个体，其网络结构呈现出异质性特征时，更有利于信息的扩散。举例来说，如果仅从节点度分析个体的中心性，马军比董良杰更靠近中心位置。但是，对风险沟通的考察不仅要考虑个体的节点度，还要考虑个体所组建的网络结构性质。因此，结合网络结构特征加以综合判断，董良杰的影响力要高于马军。从马军的连接关系来看，入度太小说明他没有发布较有影响力的议题信息；马军的出度较高，说明该节点在网络中倾向于主动与其他节点展开联系，有较强地扩散议题的意愿。不过，马军主要的联系节点都是环保领域的人士或组织，如冯永锋、自然之友、绿色和平、李波等，与其他有影响力的群体，如商界领袖和媒体从业者等的互动较少，这就导致马军所建构的网络呈现出较强的同质性。相对而言，董良杰的网络结构呈现出明显的异质性特征，他不仅与环保领域的个体和组织，如徐超、绿色和平、马军、自然之友等保持一定联系，也与圈外的知名节点张欣、许小年、邓飞、和讯网、涂建军、新华视点、创业家杂志等联结，使他既在环保群体中有一定的活跃度，又能将环保话题传播到外界，更有利于相关信息的传播。

有研究证明，同质性网络有助于知识向深度扩展，即展开深度讨论，而异质性网络对于知识向更广的范围传播提供了便利。通过研究可以发现，NGO 及其成员构建的社会网络大多为同质性的，内部的联结较强，圈内互动频繁，但与异质性节点的线上互动较少，与圈外联结较少。虽然董良杰、马军、李波、绿色和平、郭霞等个体和少数媒体有意识地与商界领袖关联，但总体来说，NGO 的活动或话题范围较小，影响力有限，风险信息内容得不到有效的扩散。

/ 第五章 /

公共舆论协同环境治理政策变迁

网络舆论的有效性主要体现在对环保类政策制定的效能和对社会推动环保行动的效能方面。前面几章提到的大气污染治理的舆论场是一个由多元主体组成的场域，主流媒体、政府部门、意见领袖在场域中发挥了舆论监督、舆论引导作用，形成了以正面舆论为主，意见讨论为辅的舆论生态。

有关突发事件的舆论生态在短时间内会给政府在环境治理方面的工作造成一定压力。同时，互联网上的舆论要形成高效、科学的沟通是非常困难的，因为参与讨论的人们的生活经验、职业、知识储备都不同，舆论的边界也难以界定。因此，开展对舆论治理和互联网治理等课题的研究成为学界的主流，对网络舆论效能的研究不足。但从长远来看，这种积极且广泛的大范围讨论可以为环境治理创造很大的弹性空间，为“公众舆论如何参与环境治理”这一课题提供实践依据，并进一步为公众舆论影响环境政策制定的探讨提供具体的、可操作的、可验证的支撑。

第一节 政策变迁的表现与逻辑：持续积极回应舆论压力

有学者认为，环境传播“生态退化”到一定程度会变成危机传播，其根源在于治理性的“社会规制持续失败”。[①] 总体而言，管理模式滞后，法规标准体系不完善，污染控制对象相对单一，环境监测、统计基础薄弱，难以解决区域性大气环境问题是我国大气污染防治存在的主要问题。[②] 政府如何解决这些问题、回应公众的质疑，从政策变迁的角度看，其表现与逻辑是什么，以及政策变迁的逻辑与公众舆论发展的逻辑关系如何等方面都亟待研究。

一、推动法律法规标准逐渐体系化、系统化

1970 年 4 月 22 日是首个世界地球日，面对严重的空气污染，美国各地有数以百万计的人走上街头游行。几个月后，美国国会通过《清洁空气法》。它成为美国大气污染治理方面的标志性法律，建立了美国国家环境空气质量标准、污染源排放标准，并要求各州政府制定符合标准的大气治理计划。此后的几十年，美国不断修订和更新该法。可以说，美国空气细颗粒物的减少主要得益于《空气清洁法》

---

① 王积龙、张妲萍、李本乾：《微博与报纸议程互设关系的实证研究——以腾格里沙漠污染事件为例》，《新闻与传播研究》2022 年第 10 期，第 80—93 页。

②《重点区域大气污染防治“十二五”规划》，2012 年 10 月 29 日，中华人民共和国生态环境部网站，http://www.gov.cn/govweb/gongbao/content/2013/content_2344559.htm，最后浏览日期：2023 年 1 月 24 日。

的制定与实施。

不过,关于制定相关政策是否一定会推动环境污染治理的提升是有争议的。有学者认为,政策能够在低收入水平上延缓环境污染,在高收入水平上加速环境质量改善,使环境库兹涅茨曲线[①]的倒U型更加扁平[②]。另外,一些学者利用我国1996—2002年各省、自治区、直辖市的面板数据进行验证,发现政府环保政策对控制污染的效果并不明显。[③] 总体来看,制度政策是否能对控制污染起到良好的效果,还要依据制度政策的适应性和完善度。

2013年前后出现重度污染天气之后,空前的舆论压力推动我国修订《中华人民共和国大气污染防治法》,并推动相关法律体系的不断完善。据统计,近十年来,新修订、新发布的与大气污染相关的法律有8部。其中,《中华人民共和国环境保护法》(1989年通过,2014年修订)是环境保护领域的基础性、综合性法律;其余的7部法律是《中华人民共和国清洁生产促进法》(2002年通过,2012年修正)、《中华人民共和国节约能源法》(1997年通过,2007年修订,2016年、2018年修正)、《中华人民共和国环境影响评价法》(2002年通过,2016年、2018年修正)、《中华人民共和国海洋环境保护法》(1982年通过,1999年、2023年修订,2013年、2016年、2017年修正)、《中华人民共和国大气污染防治法》(1987年通过,1995年、2018年修正,

---

① 环境库兹涅茨曲线指当一个国家经济发展水平较低时,环境污染的程度较轻,但随着人均收入的增加,环境污染由低趋高,环境恶化程度随经济的增长而加剧;当国家经济发展达到一定水平后,即达到某个临界点(拐点)以后,随着人均收入的进一步增加,环境污染又由高趋低,环境污染的程度逐渐减缓,环境质量逐渐得到改善。

② T. Panayotou, "Demystifying the Environmental Kuznets Curve: Turning a Black Box into a Policy Tool," *Environment and Development Economics*, 1997, 2(4), pp. 465-484.

③ 彭水军、包群:《经济增长与环境污染——环境库兹涅茨曲线假说的中国检验》,《财经问题研究》2006年第8期,第3—17页。

2000 年、2015 年修订)、《中华人民共和国环境保护税法》(2016 年通过,2018 年修正)、《中华人民共和国固体废物污染环境防治法》(1995 年通过,2013 年、2015 年、2016 年修正,2004 年、2020 年修订)。① 可以说,国家立法机关在 2015 年以后对环境保护类法律的修订和颁布是比较频繁的,中国环境保护法律体系的建设得到了快速推进。

各部门联合立法是应对突发事件舆情的重要手段,部门协同、统一调度有利于从时间效度上提高治理能力。总体而言,联合立法的目的有两个:一是合理地安排多部门共同管理事项时的规范,避免因规则缺失或不一致导致的混乱;二是清楚地界定职权交叉部门的权限,明确了责任分配。《中华人民共和国立法法》第八十一条规定:"涉及两个以上国务院部门职权范围的事项,应当提请国务院制定行政法规或者由国务院有关部门联合制定规章。"②根据全国人大常委会的解释,这样做的目的是解决国务院部门规章之间、国务院部门规章与地方性法规之间、国务院规章与地方政府规章之间不协调、不一致甚至相互矛盾的问题。

部门联合立法有其设立的权力边界。第一,在制定行政法规条件尚不成熟的条件下,《规章制定程序条例》第九条规定:"涉及国务院两个以上部门职权范围的事项,制定行政法规条件尚不成熟,需要制定规章的,国务院有关部门应当联合制定规章。"③第二,符合宪法、法律的规定,《国务院工作规则》第三十二条规定:"国务院各部门制

---

① 法律的修订与修正是有区别的:修订法律是为了更好地体现新思想、新思路和新方法,是对法律进行较为全面的修改;修正法律是局部的,是对部分或个别条款进行修改。

② 《中华人民共和国立法法》,2015 年 3 月 18 日,中国政府网,http://www.gov.cn/xinwen/2015-03/18/content_2835648_3.htm 最后浏览日期:2023 年 4 月 14 日。

③ 《规章制定程序条例》,2017 年 12 月 22 日,国家法律法规数据库,https://flk.npc.gov.cn/detail2.html?ZmY4MDgwODE2ZjNlOThiZDAxNmY0MWRjYTliMTAxMTg,最后浏览日期:2023 年 4 月 14 日。

定规章和规范性文件，要符合宪法、法律、行政法规和国务院有关决定、命令的规定，严格遵守法定权限和程序，严格合法性审查。涉及两个及以上部门职权范围的事项，要充分听取相关部门的意见，并由国务院制定行政法规、发布决定或命令，或由有关部门联合制定规章或规范性文件。”①

由此可见，部门联合立法是试验性立法的一种特殊形态，探索性和过渡性是试验性立法在立法内容和时间效力方面的具体体现。② 在我国的立法实践中，多主体联合立法的现象比较常见。其中，唯一具有法律依据的联合立法形式就是国务院部门联合制定规章。③

2010—2022 年，我国有关空气污染治理政策颁布主体的联合立法情况，具体统计如下（表 5-1）。

表 5-1 2010—2022 年我国空气污染治理政策颁布主体联合立法的情况

政策颁布主体	独立发文（单位：份）	联合发文（单位：份）	
		≤3 个机构	≥4 个机构
生态环境部（环境保护部）	31	46	6
中共中央办公厅	0	9	0
国务院办公厅	14	0	0
全国人民代表大会常务委员会	8	0	0

① 《国务院工作规则》，2023 年 3 月 18 日，中国政府网，http://www.gov.cn/zhengce/content/2023-03/24/content_5748128.htm，最后浏览日期：2023 年 4 月 14 日。

② 高馨玉：《样态、性质与优化：部门联合立法的实证分析》，《岭南学刊》2022 年第 2 期，第 89—97 页。

③ 封丽霞：《部门联合立法的规范化问题研究》，《政治与法律》2021 年第 3 期，第 2—15 页。

（续表）

政策颁布主体	独立发文（单位：份）	联合发文（单位：份）	
		≤3 个机构	≥4 个机构
中国共产党中央委员会	4	0	0
国家标准化管理委员会	1	0	0
国家发展和改革委员会	1	0	1
总计	59	55	7

从部门联合立法的主体数量来看，大多为 2—3 个国务院部、委、局联合制定规章或规范性文件，也有立法主体数量达 10 个以上的情况。从参与立法的主体数量及其相互关系来看，部门联合立法大致可以分为紧密型联合立法与松散型联合立法两种类型，或曰高度联合立法与低度联合立法两种类型。一般而言，如果联合立法的部门主体超过 6 个，部门之间的紧密程度可能比较低，协作难度也比较大，大都属于松散型联合立法或低度联合立法。①

从表 5－1 的统计结果来看，部门联合立法的主体多为国务院部、委、局，一般是 2 个或 3 个部门，4 个以上部门联合制定规章或规范性文件的主体一般为生态环境部（2018 年以前为环境保护部），而且数量较少。综上，基本可以判断，我国的部门联合立法主要是紧密型联合立法，有 2 个或 3 个部门参与，各部门的职责分工很明确，部门之间的联合程度也比较高，松散型联合立法的情况较少。

① 封丽霞：《部门联合立法的规范化问题研究》，《政治与法律》2021 年第 3 期，第 2—15 页。

二、舆论压力促进环境监管加强

从各主体颁布政策或法规的名称来看，主要是以“法”“条例”“标准”“计划”“意见”和“通报”来命名，如“管理条例”“行动计划”等。还有相当多的政策法规以“通知”“公报”或“函”的形式发布，以“通知”或“联合通知”命名的政策或法规通常归类为部门规范性文件（表5-2）。

表5-2 有关空气污染治理政策的文种分布情况（2010—2022年）

年份	法（单位：部）	条例（单位：个）	标准、导则、细则、方法、指南、规范（单位：项）	计划、规划、预案、方案（单位：个）	决定意见（单位：个）	通报、公报、函、通知（单位：份）
2010	0	0	3	0	0	0
2011	0	0	5	0	0	0
2012	1	0	5	2	0	1
2013	0	1	8	2	1	2
2014	1	0	5	3	1	2
2015	0	0	7	2	0	2
2016	0	1	7	2	0	1
2017	1	1	2	2	0	0
2018	4	1	5	2	2	1
2019	0	1	3	1	0	1
2020	1	0	10	0	0	0
2021	0	1	4	2	3	0
2022	0	0	5	1	2	0
总计	8	6	69	19	9	10

从表 5－2 的统计结果可以看出，2010—2022 年，我国有关部门针对空气污染治理发布了 69 项新的“标准”“方法”等类型的文件。这类环境标准的制定或修订为执法和政策提供了重要依据，也是制定环境保护规划和计划的重要依据，巩固了我国环境管理的基础。与此同时，有关大气污染治理政策标准的修订也日益增多，在科学技术的创新背景下，涉及的行业领域也更为宽泛。

从表 5－3 的统计可以看出，随着重污染天气的增多和舆论的发酵，2013 年发布的与大气污染物排放有关的标准和测量方法多达 7 项。随着我国大气污染治理政策及水平的不断提升，相关的标准体系日渐完善，2020 年制定的相关标准和测量方法高达 9 项，是 2010—2020 年的最高水平。

表 5－3　大气污染物的排放标准和测量方法

年份	大气污染物排放标准和测量方法	数量（单位：项）
2010	非道路移动机械用小型点燃式发动机	1
2011	摩托车和轻便摩托车、平板玻璃工业、火电厂、车用汽油、车用柴油	6
2012	轧钢、炼钢、炼铁、钢铁、球团工业	4
2013	轻型汽车、电池、水泥、砖瓦、电子玻璃工业、环境空气质量标准	7
2014	锅炉，锡、锑、汞工业，城市车辆用柴油发动机排气污染物，非道路移动机械用柴油机	4
2015	石油炼制工业，火葬场，再生铜、铝、铅、锌工业，合成树脂工业，无机化学工业，石油化学工业	6
2016	烧碱、聚氯乙烯工业、轻型混合动力电动汽车、轻型汽车、轻便摩托车、船舶发动机、摩托车	6
2017	重型柴油车、气体燃料车、在用柴油车	2

（续表）

年份	大气污染物排放标准和测量方法	数量（单位：项）
2018	汽油车、非道路柴油移动机械、柴油车、重型柴油车	4
2019	涂料、油墨及胶粘剂工业、制药工业、挥发性有机物	3
2020	加油站、储油库、铸造工业、农药制造工业、陆上石油天然气开采工业、生活垃圾焚烧、非道路柴油移动机械、油品运输、甲醇燃料汽车非常规污染物排放	9
2021	工业企业挥发性有机物泄漏检测与修复、国家移动源、机动车排放定期检验规范	3
2022	印刷工业、玻璃工业、矿物棉工业、石灰、电石工业	4
总计		59

在涉及具体行业或工业的领域，与车、油相关的大气污染物排放标准较多。由此可以看出，舆论压力推动了环境监管工作的开展，进而带动企业在绿色低碳方面有所创新。舆论压力也在一定程度上解释了环境监管制度变迁的动因，公众和媒体监督对环境监管的制度性调整有正向的作用。同时，很多学者的研究进一步发现并讨论了制度性压力对企业绿色低碳创新的影响，如贝罗内（P. Berrone）及其团队①、霍尔巴赫（J. Horbach）及其团队②、王云及其团队③、德米雷尔

① P. Berrone, A. Fosfuri, L. Gelabert, et al. "Necessity as the Mother of Green Inventions: Institutional Pressures and Environmental Innovations," *Strategic Management Journal*, 2013, 34(8), pp. 891 - 909.

② J. Horbach, C. Rammer, K. Renings, "Determinants of Eco-Innovations by Type of Environmental Impact-The Role of Regulatory Push/Pull, Technology Push and Market Pull," *Ecological Economics*, 2012, 78(6), pp. 112 - 122.

③ 王云、李延喜、马壮等：《媒体关注、环境规制与企业环保投资》，《南开管理评论》2017 年第 6 期，第 83—94 页。

(P. Demirel)及其团队[①]、毕克新及其团队[②]、李大元及其团队[③]的研究表明，制度性压力是影响企业绿色创新的主要因素。例如，2022年6月，中国石油发布《中国石油绿色低碳发展行动计划3.0》，推动企业从油气供应商向综合能源服务商转型，并力争在2025年前后实现碳达峰，2050年前后实现“近零”排放。

2019年以后，排放标准开始涉及新的行业或工业领域，在科学数据的支持下，大气污染物排放标准的限值或测量方法更具针对性、科学性、指导性和有效性。事实上，在绿色低碳的大环境下，国家依据发展情况将持续制定一系列政策法规，尽管有些环境政策和经济行为最初并非只针对空气污染，但会对空气污染治理产生积极的溢出效应。

在环保技术创新对企业环境绩效的正向作用方面，[④]有学者进一步研究发现，政策对于环保投资的提升作用在媒体关注程度较高的企业中最为显著。[⑤] 舆论曾将中石油、中石化的标准不够视为形成雾霾天气的重要原因，因此国家相关治理措施的实施得到了人们的认同。国务院2013年印发的《大气污染防治行动计划》提出：

---

① P. Demirel, E. Kesidou, "Stimulating Different Types of Eco-Innovation in the UK: Government Policies and Firm Motivations," *Ecological Economics*, 2011, 70(8), pp. 1546 - 1557.

② 毕克新、杨朝均、黄平：《中国绿色工艺创新绩效的地区差异及影响因素研究》，《中国工业经济》2013年第10期，第57—69页。

③ 李大元、宋杰、陈丽等：《舆论压力能促进企业绿色创新吗?》，《研究与发展管理》2018年第6期，第23—33页。

④ 陈曦：《环保技术创新、媒体关注与企业环境绩效》，《合作经济与科技》2023年第2期，第99—101页。

⑤ 王小东：《法律环境、媒体关注与企业环保投资——基于新〈环保法〉的实验研究》，《红河学院学报》2022年第6期，第62—67页。

> 力争在2013年底前，全国供应符合国家第四阶段标准的车用汽油，在2014年底前，全国供应符合国家第四阶段标准的车用柴油，在2015年底前，京津冀、长三角、珠三角等区域内重点城市全面供应符合国家第五阶段标准的车用汽、柴油，在2017年底前，全国供应符合国家第五阶段标准的车用汽、柴油。加强油品质量监督检查，严厉打击非法生产、销售不合格油品行为。①

企业追求环境绩效，一方面是技术性规则的内部逻辑导致的，另一方面是技术性规则制定过程中受到了外部公众舆论的影响。从上述分析来看，后者的可能性更大，这充分证实了民主参与的可行性与科学性。

三、环境质量标准不断修订、更新

除了法律之外，各项配套的环境质量标准也在不断修订、更新，相关部门还制定了污染源的排放标准。1996年的环境空气质量标准从开始实施到正式废止持续了十余年。其间，中国经济飞速发展：1996年，中国GDP为8637.47亿元，占世界比例的2.712%；2016年，中国GDP为11.23万亿元，占世界比例的14.7237%。可以说，中国的经济取得了举世瞩目的成就。曾经，西方发达国家走的工业化道路是先污染、后治理，其工业化的完成是以严重的环境污染和人类健康为代价的。中国的工业化发展道路一定要引以为戒。

① 《大气污染防治行动计划》，2013年9月10日，中国政府网，http://www.gov.cn/zhengce/content/2013-09/13/content_4561.htm，最后浏览日期：2021年10月9日。

自 2012 年以来,新修正、修订的各类环境保护标准达 50 多项。2013 年中国经历了严重的雾霾之后,更是先从标准等制度层面入手,对空气质量标准进行了修订,提出了更为严格的质量标准,这与中国坚持走可持续发展的道路相契合。

《中华人民共和国国家环境保护标准》(HJ 618－2011)中新增了术语 PM_{10} 和 $PM_{2.5}$ 及其定义。这是我国第一次在环境保护标准中增加相关的表述:PM_{10} 指悬浮在空气中,空气动力学直径≤10 μm 的颗粒物;$PM_{2.5}$ 指悬浮在空气中,空气动力学直径≤2.5 μm 的颗粒物。$PM_{2.5}$ 也称为可入肺颗粒物,它的粒径较小。虽然 $PM_{2.5}$ 只是地球大气成分中含量很少的组成部分,但含有大量有毒、有害物质,并且在大气中的停留时间长、输送距离远,对空气质量、能见度和人体健康有重要影响。

我国的《环境空气质量标准》首次发布于 1982 年,1996 年第一次修订(2016 年 1 月 1 日起废止),2000 年部分修改,2012 年第二次修订(2016 年 1 月 1 日起全国实施)。2012 年 2 月 29 日,中华人民共和国环境保护部发布了《环境空气质量指数(AQI)技术规定(试行)》(HJ 633－2012)与《环境空气质量标准》(GB 3095－2012),用以逐步替代 1996 年的标准。对此,国家给出了推进的时间规定:2012 年,京津冀、长三角、珠三角等重点区域以及直辖市和省会城市实施新标准;2013 年,113 个环境保护重点城市和国家环保模范城市实施新标准;2015 年,所有地级以上城市实施新标准;2016 年 1 月 1 日,全国实施新标准。

同时,2012 年新修订的标准对污染物的类型、污染物的浓度限值要求进一步严格,增加了 $PM_{2.5}$ 的测量指数,并将空气质量分指数(IAQI)与污染物浓度进行了对接。

2012 年的空气质量标准将 $PM_{2.5}$ 和 PM_{10} 的浓度限值分为一级

和二级两个等级。一级标准：$PM_{2.5}$ 的年平均浓度不超过 15 μg/m³，24 小时平均浓度不超过 35 μg/m³；PM_{10} 的年平均浓度不超过 40 μg/m³，24 小时平均浓度不超过 50 μg/m³。二级标准：$PM_{2.5}$ 的年平均浓度不超过 35 μg/m³，24 小时平均浓度不超过 75 μg/m³；PM_{10} 的年平均浓度不超过 70 μg/m³，24 小时平均浓度不超过 150 μg/m³。

该标准将环境空气功能区分为两类：一类区为自然保护区、风景名胜区和其他需要特殊保护的区域；二类区为居住区、商业交通居民混合区、文化区、工业区和农村地区。一类区适用一级浓度限值，二类区适用二级浓度限值。

从上述标准可以看出，2012 年空气质量标准中的一级标准浓度限值不断向世界卫生组织制定的标准值靠近。世界卫生组织 2005 年制定的《关于颗粒物、臭氧、二氧化氮和二氧化硫的空气质量准则》建议优先选择 $PM_{2.5}$ 准则值（AQG）标准，这也是目前公认的最高标准。它意味着，人们长期暴露在外，最为健康和安全的污染物标准值为：$PM_{2.5}$ 的年平均浓度不超过 10 μg/m³，24 小时平均浓度不超过 25 μg/m³；PM_{10} 的年平均浓度不超过 20 μg/m³，24 小时平均浓度不超过 50 μg/m³。

对 $PM_{2.5}$ 数据的公布不仅是一个技术问题，还是一个社会发展问题，可以间接地反映一个国家的发达程度。通常情况下，发达国家 $PM_{2.5}$ 数据的发布要远远早于发展中国家，发达国家的数据要求也比发展中国家更严格。当前，全世界的环境质量标准都处于不断变化的过程之中，各国会根据自身经济社会发展状况和环境保护要求适时修订。不过，截至 2010 年底，除一些发达国家之外，世界上大部分国家（包括中国在内）还未开展对 $PM_{2.5}$ 的监测。

世界卫生组织为了适应不同国家的空气污染现状与治理进程，

进行了三个过渡时期的目标限制。其中,美国环保署的标准虽然没有达到世界卫生组织公布的空气质量准则值,但还是比较接近。美国的 $PM_{2.5}$ 检测开始于 1997 年,其最初的标准规定 $PM_{2.5}$ 的 24 小时平均浓度不超过 65 $\mu g/m^3$,年平均水平标准为不超过 15 $\mu g/m^3$。

结合我国国情,国内的控制质量标准是根据过渡时期目标 - 1,也就是目前空气质量的最低标准确定的。这体现在我国环保部制定的最新的《环境空气质量标准》(GB 3095 - 2012)中:$PM_{2.5}$ 的年平均浓度不超过 35 $\mu g/m^3$,24 小时平均浓度不超过 75 $\mu g/m^3$;PM_{10} 的年平均浓度不超过 70 $\mu g/m^3$,24 小时平均浓度不超过 150 $\mu g/m^3$。

2012 年 2 月,国务院同意发布新修订的《环境空气质量标准》,其中增加了有关 $PM_{2.5}$ 的监测指标。同年 10 月 6 日,北京 35 个 $PM_{2.5}$ 监测站点试运行数据全部在线上发布。新版空气质量发布平台于 2013 年 1 月 1 日上线。

观察上述标准,不难发现:一方面,我国的空气质量标准低于一些发达国家的空气质量标准;另一方面,我国的空气污染情况比其他国家略显复杂。学界认为,中国用二三十年的时间走完了发达国家两三百年走完的路程,西方国家的工业化一般是先出现燃煤污染,然后出现机动车尾气污染,所以它们的污染治理和污染源控制相对单一。具体而言,1952 年的伦敦烟雾事件是由冬季大量燃煤排出的煤烟与浓雾混合导致的;美国洛杉矶在 20 世纪 40—60 年代发生的光化学烟雾事件则与伦敦烟雾事件不同,主要是洛杉矶机动车排放的大量尾气中的氮氧化物和挥发性有机物等,在紫外线的照射下经过一系列的光化学反应导致的。中国由于经历了短时间内的经济快速发展,大气污染呈现出复合型特征,燃煤、机动车尾气等问题同时出现,治理的难度大大增加。

2018 年 6 月,国务院发布的《打赢蓝天保卫战三年行动计划》明确要求修改《环境空气质量标准》中关于监测状态的有关规定，实现与国际接轨，生态环境部据此发布了《环境空气质量标准》(GB 3095－2012)修改单，从检测状态上进行了修订，但标准具体值不发生变化。

此外，中国的 AQI 也不断与国际接轨，国际上 AQI 的监测分为六级：0—50 $\mu g/m^3$、51—100 $\mu g/m^3$、101—150 $\mu g/m^3$、151—200 $\mu g/m^3$、201—300 $\mu g/m^3$、301—500 $\mu g/m^3$。我国《环境空气质量指数(AQI)技术规定(试行)》(HJ 633－2012)将 AQI 与污染物项目浓度限值进行对应。这也解释了公众普遍热议的 $PM_{2.5}$“爆表”并不是说仪器测量真的失效，而是指污染指数超过 500 $\mu g/m^3$ 的最高污染标准等级。我国还依据空气质量指数制定了与国际接轨的颜色标示，规定了空气质量的指数级别、颜色，告知对人们健康的影响和防范措施等。

第二节　舆论正向生态助推政策目标向“认同”转变

网络舆论分为原生态舆论和公共舆论：网络原生态舆论夹杂有网民在网络上的某些非理性、情绪化的话语表达，建设性较弱；公共舆论具有“为公”的精神，以协商辩论为核心，人们对公共议题发表观点、看法，这类话语表达可以使各种见解逐渐趋向“认同”，较为科学、理性，对解决公共问题具有一定的建设性。当前，两者共同形成网络舆论正向生态。

一、政府风险决策的价值导向转变

2017 年，党的十九大报告指出，中国特色社会主义进入新时代，我国社会主要矛盾已经转化为人民日益增长的美好生活需要和不平衡不充分的发展之间的矛盾。[①]

污染物“总量控制—质量改善—风险管理”的治理路径变化正是政策与公众期待趋同的重要表现。对污染物进行总量控制，即在规定时间内，对某一区域或某一企业在生产过程中所产生的污染物最终排入环境的数量的限制。国家提出“总量控制”实际上是区域性的，也就是说，当局部不可避免地增加污染物排放时，应对同行业或区域内进行污染物排放量削减，使区域内污染源的污染物排放负荷控制在一定数量内，使污染物的受纳水体、空气等的环境质量可达到规定的环境目标。[②] 可以说，将污染物总量控制与空气质量改善相结合的治理思路从根本上考虑了人们的意愿。《2021 年北京市生态环境状况公报》显示，2021 年北京市的空气质量首次全面达标，北京的空气质量得到了较大的改善，北京市市民的获得感与幸福感也显著提升。

2016 年，环保部的“十三五”规划任务目标与前两个五年规划相比产生了治理目标方面的转变：

> 环境质量改善才是目的，总量控制只是改善环境质量的主要手段之一。
>
> 环境质量改善是刚性要求的红线，绝对不能触碰；总量减排是硬性要求的底线，是最基本的及格要求。总量减排考核必须服从质量改善考核。[③]

---

① 《习近平：决胜全面建成小康社会　夺取新时代中国特色社会主义伟大胜利——在中国共产党第十九次全国代表大会上的报告》，2017 年 10 月 27 日，新华社，http://www.gov.cn/zhuanti/2017-10/27/content_5234876.htm，最后浏览日期：2023 年 2 月 8 日。

② 参见环境保护部环境工程评估中心：《环境影响评价技术方法》，中国环境出版社 2013 年版。

③ 《从“总量”到“质量”，改善环境不止一词之变》，2016 年 2 月 22 日，新浪财经，http://finance.sina.com.cn/roll/2016-02-22/doc-ifxprqea4925527.shtml，最后浏览日期：2023 年 1 月 27 日。

在上述努力的基础上，最新修订的《中华人民共和国大气污染防治法》理顺了大气环境质量与污染物排放总量的关系，规定了大气污染防治标准、限期达标规划及监督管理、防治措施等方面的内容，并从燃煤和其他能源污染防治、工业污染防治、机动车船等污染防治、扬尘污染防治、农业和其他污染防治五个方面阐述了大气污染防治措施的具体内容。[①]

环境质量被如此重视的一个重要原因是，当前中国经济增长到了一定的阶段。一些学者的研究发现，环境污染水平与经济发展水平之间的倒 U 型结构的转折点一般出现在人均 GDP 达到 6 000—8 000 美元时。2014 年，我国人均 GDP 达到 7 500 美元左右。从这个角度上说，政府环境风险决策的价值取向的转变条件基本成熟，而经济增长与环境质量的关系是政府风险决策的重要价值考量标准。对于两者之间的关系，国内外学者进行了大量的研究，如 20 世纪 70 年代初，罗马俱乐部[②](Club of Rome)提出"增长极限说"[③]，即经济增长受可利用自然资源的制约而不可长期持续，所以为了保护自然资源需要降低经济增长速度。也有学者提出了质疑，认为促进经济发展本身就是保护环境资源的有效手段，两者之间存在倒 U 型曲线[④]关系，即经济发展初期阶段经济增长、人均收入的提高将导致环境质量下降，而一旦经济发展超越了某一临界点，人均收入的进一步

① 罗理恒、张希栋、曹超：《中国环境政策 40 年历史演进及启示》，《环境保护科学》2022 年第 4 期，第 34—38 页。

② 罗马俱乐部是关于未来学研究的国际性民间学术团体，也是一个研讨全球问题的全球智囊组织。

③ [美]德内拉·梅多斯、乔根·兰德斯、丹尼斯·梅多斯：《增长的极限》，李涛、王智勇译，机械工业出版社 2013 年版，第 193 页。

④ S. Kuznets, "Economic Growth and Income Equality," *American Economic Review*, 1955, 45(1), pp. 1-28.

提高反而会有助于降低环境污染、改善环境质量,也就是形成前文提到的环境库兹涅茨曲线。[①] 很多学者利用本国的面板数据对该曲线进行了实证研究。例如,1991 年,美国经济学家格罗斯曼(G. M. Grossman)和克鲁格(A. B. Krueger)实证分析了北美自由贸易协定的环境效应,验证了环境库兹涅茨曲线的存在,认为经济发展需要消耗大量的资源,会对环境产生负面的规模效应;同时,经济发展也会在正面形成技术进步效应和产业结构优化效应,可以降低排污总量,改善环境。[②]

有关环境保护的舆论突显的是公共利益,会极大地影响政府的价值目标。作为风险决策权力的主体,政府的治理行为基于最大程度的公共利益,需要综合衡量政治决策可能给社会稳定和经济发展带来的影响。[③] 因此,政府风险决策的制定和转变既要具有科学依据,又要体现民主价值。2015 年,北京市"十三五"规划编制工作领导小组办公室委托北京中观经济调查有限公司开展居民需求系列社会调查活动。问卷调查发现,94. 2%(此次调查中的最高值)的受访者一致认为,未来五年,最希望解决的生态环境问题是空气污染。[④] 2016 年,人民网进行了"两会"热点调查,超过 380 万名网友参与了此次调查。调查结果显示,在关注度最高的前 10 大话题中,环

① W. Beckerman, "Economic Growth and the Environment: Whose Growth? Whose Environment," *World Development*, 1992, 20(4), pp. 481 - 496.

② G. M. Grossman, A. B. Krueger, "Environmental Impacts of a North American Free Trade Agreement," *CEPR Discussion Papers*, 1992, 8(2), pp. 223 - 250.

③ 刘鹏:《科学与价值:新冠肺炎疫情背景下的风险决策机制及其优化》,《治理研究》2020 年第 2 期,第 51—58 页。

④《"十三五"规划环境篇调查结果发布　近五成受访者愿认养绿地》,2015 年 6 月 25 日,北京市发展和改革委员会网站,https://fgw. beijing. gov. cn/gzdt/fgzs/mtbdx/bzwlxw/201912/t20191221_1391947. htm,最后浏览日期:2023 年 10 月 30 日。

境保护占第7位。[①]

二、政治信任与生态政绩考核

政治信任指公众对政治体系、政治结构及其运行的信心,是民众对政治体系的基本态度与情感取向。我国民众对中央政府的信任度是非常高的。2022年,全球知名公关咨询公司爱德曼发布的《2022年度爱德曼信任晴雨表》报告显示,2021年,中国民众对政府的信任度高达91%,同比上升9个百分点,蝉联全球第一。哈佛大学肯尼迪学院连续10年在中国开展的民调结果显示,中国民众对政府的满意度连年都保持在90%以上。[②] 一般认为,较高的政府信任度有利于维持行政管理体制稳定[③],增强公民遵从政治规章制度的意愿,使他们更愿意支持政府行动、实现共同目标[④],公民还会更加认同各项行政决策[⑤]等。

对公众政治信任来源的理论分析有两种:一种是制度生成论,认为人们的政治信任主要源自政府的治理或制度绩效,即政治信任是

① 《2016两会调查:"社会保障"成最热选项　五年内四次居首》,2016年3月2日,人民网,http://lianghui.people.com.cn/2016npc/n1/2016/0302/c402194-28164856.html,最后浏览日期:2023年10月30日。

② 《报告显示中国民众对政府信任度蝉联全球第一　外交部发言人:并不意外》,2022年1月21日,新华社,http://www.gov.cn/xinwen/2022-01/21/content_5669608.htm,最后浏览日期:2023年1月27日。

③ S. Marien, M. Hooghe, "Does Political Trust Matter? An Empirical Investigation into the Relation Between Political Trust and Support for Law Compliance," *European Journal of Political Research*, 2011, 50(2), pp. 267－291.

④ V. Chanley, T. Rudolph, W. Rahn, *The Origins and Consequences of Public Trust in Government: A Time Series Analysis*, Chinese Social Science Press, 2004, p. 2.

⑤ M. Grimes, "Political Trust and Compliance: Rejoinder to Kaina's Remarks on Organizing Consent," *European Journal of Political Research*, 2008, 47(4), pp. 522－535.

制度绩效的结果；另一种是文化生成论，认为人们的政治信任与社会体系长期存在的价值体系和交往方式有关，是影响治理水平的原因。① 本书承袭第一种视角，认为政府以往的治理表现及当下的治理状况是影响人们政治信任度的重要因素。有学者进行了大规模的实证研究，证明在控制其他因素的情况下，好的政府职能履职的绩效形成的“硬”实力要比传统价值观、交往方式等“软”文化实力对政治信任提升有更大的影响。② 对于大气污染治理等较难处理或需要较长时间处理的环境问题而言，政府信任度与治理效果密切相关。

首先，政治信任度高可以降低专业化议题的治理成本。不可否认，环境治理中的一些专业问题需要专业人士完成，但当民众对专家经验不完全信任时，政治信任度高能够弥补这一缺失。政策议题的技术化或专业化程度，即政策制定或政策问题的解决是否涉及大量的专业知识与技术手段，可能会约束公民参与的程度，即限制公民参与的深度和范围。政府部门协调行政规则制定过程中有大众参与模式与专家理性模式两种范式：在价值选择领域，大众参与具有知识运用上的合理性；在技术领域，过多的大众参与虽然能够在一定程度上证明行政规则的正当性，但会耗费大量行政资源，并且可能不利于专业知识的合理运用。③

其次，制度信任的增强可以降低社会治理成本，增强中央回应民众呼声的能力。具体而言，环保考核工作要与老百姓的信任度

---

① 李艳霞：《何种信任与为何信任？——当代中国公众政治信任现状与来源的实证分析》，《公共管理学报》2014 年第 2 期，第 16—26 页。

② 高学德、翟学伟：《政府信任的城乡比较》，《社会学研究》2013 年第 2 期，第 1—27 页。

③ 王锡锌、章永乐：《专家、大众与知识的运用——行政规则制定过程的一个分析框架》，《中国社会科学》，2003 年第 3 期，第 113—127 页。

直接挂钩，国家在不同的文件、新闻发布会和考核机制中频繁提到老百姓的满意度问题。2016 年底，国务院印发《“十三五”生态环境保护规划》，首次明确将空气质量优良天数、$PM_{2.5}$ 等作为约束性指标（非预期性指标）作为领导干部考核评价的重要依据。2015—2016 年，中共中央办公厅、国务院办公厅相继印发《党政领导干部生态环境损害责任追究办法（试行）》《开展领导干部自然资源资产离任审计试点方案》《生态文明建设目标评价考核办法》，促进地方各级党委和政府主要领导干部树立正确的政绩观，大气污染防治是其中的重点领域之一。2022 年，国务院国资委印发《中央企业节约能源与生态环境保护监督管理办法》，将中央企业节约能源与生态环境保护考核评价结果纳入中央企业负责人经营业绩考核体系。①

可以说，生态政绩考核标准的变化是在实践中对“政绩困局”的一种有益协调。自改革开放以来，经济绩效或有效性虽然不是政府合法性评估的唯一依据，但也是主要依据。② 邓小平也下过一个著名的论断，即“经济工作是当前最大的政治，经济问题是压倒一切的政治问题”③。同时，随着环境污染、贫富差距扩大等其他社会问题的产生，政府也面临着调整绩效类型比例的问题。

当前，强化生态文明建设的问责制与考核政策等相关议程迅速起步，政绩考核以经济发展为中心的同时，逐步注重生态文明的建设。但是，官员的任期限制和频繁的异地轮换导致官员在有效任期

① 《中央企业节约能源与生态环境保护监督管理办法》，2022 年 8 月 3 日，国务院国有资产监督管理委员会网站，http://www.sasac.gov.cn/n2588035/n2588320/n2588335/c25677916/content.html，最后浏览日期：2023 年 1 月 23 日。

② 龙太江、王邦佐：《经济增长与合法性的“政绩困局”——兼论中国政治的合法性基础》，《复旦学报》（社会科学版）2005 年第 3 期，第 48—56 页。

③ 《邓小平文选》（第 2 卷），人民出版社 1994 年版，第 194 页。

内需要创造更多的显性政绩，而生态政绩显然收效较慢。[①] 我国实行属地化环境管理，一些地方政府由于缺少公众参与和媒体监督，容易造成生态政绩失灵。因此，虽然环保督察能起到一定的效果，但总体来说效果一般，如何有效地实现考核与监管仍是需要解决的一个难题。有实证研究表明，环保考核对地方官员升迁的影响较小。也有研究者发现，环保考核仅对可见度较高的约束性污染物减排有积极影响，对可见度较低的约束性或非约束性污染物减排影响不显著。[②] 在实际的运行中，因操作难度大、配套政策不完善和定责及追责难度大等问题，生态问责仍是一种小概率事件，生态政绩考评对地方官员的激励约束力不大。[③]

三、公共舆论的情感政治转向

在治理绩效（硬性指标）的基础上，情感沟通绩效（软性指标）对于环境风险治理的作用得到了凸显。[④] 通过媒体、政府新闻发布、政府网站信息公开和多媒体渠道，利用列举事实、公布数据等方式展示了客观的治理绩效。情感沟通绩效则更多是与公众建立情感联结，通过传递温情和情怀的方式表达关切。虽然很难用抽象的数据表现

---

① Sarah Eaton, Genia Kostka, "Authoritarian Environmentalism Undermined? Local Leaders' Time Horizons and Environmental Policy Implementation in China," *The China Quarterly*, 2014, 218(6), pp. 359 – 380.

② J. Liang, L. Langbein, "Performance Management, High-Powered Incentives, and Environmental Policies in China," *International Public Management Journal*, 2015, 18(3), pp. 346 – 385.

③ 盛明科、李代明：《生态政绩考评失灵与环保督察——规制地方政府间"共谋"关系的制度改革逻辑》，《吉首大学学报》（社会科学版）2018 年第 4 期，第 48—56 页。

④ 杨君茹、马盈袖：《环境风险沟通信息框架对公众满意的影响研究——基于认知需求视角》，《聊城大学学报》（社会科学版）2022 年第 4 期，第 125—135 页。

或定量评估情感沟通的效果，但此举对在环境风险治理中提高公众满意度有重要作用。根据认知行为理论，认知和情感是态度的两个重要维度，[①]情感是一种态度体验，包括开心、自豪、尊重、羞愧、蔑视、冷漠等。

任何公共舆论的产生都包含理性判断与情感，而情感往往会被贴上"感性"的标签。情感是社会建构的产物，公共舆论的情感表现往往可以反映出一个社会或整体文化的基本面向，情感价值也更注重互动关系。[②] 人们的情感包含多种情绪，阶段性情绪和长期性情绪在复杂的关联中相互影响，导致人们对环境风险的认知与情感价值不断发生变化。2013—2016 年，以"雾霾"话题为代表的生态环境舆情始终保持高热状态，形成阶段性情绪。同时，随着我国大气防治污染治理工作的成效不断凸显，在 2021 年度中国媒体十大流行语中，"双碳"和"生物多样性公约"成为老百姓关心的热词。[③] 根据世界经济论坛发布的 2022 年《全球风险报告》，全球最紧要的十大风险有气候行动失败、极端天气、生物多样性破坏、社会凝聚力侵蚀、生计危机、传染性疾病、人为环境破坏、自然资源危机、债务危机、地缘经济对抗。其中，有五大风险属于环境风险，可见环境风险仍是全球面临的首要问题，[④]这也会使人们的长期性情绪一直围绕着公共情感。

---

① 于丹、董大海、刘瑞明等：《理性行为理论及其拓展研究的现状与展望》，《心理科学进展》2008 年第 5 期，第 796—802 页。

② 袁光锋：《公共舆论中的"情感"政治：一个分析框架》，《南京社会科学》2018 年第 2 期，第 105—111 页。

③ 刘友宾：《生态环境新闻发布：从权威发布、回应关切到价值传播》，《环境保护》2022 年 Z1 期，第 22—23 页。

④ 《世界经济论坛发布 2022 年全球风险报告》，2022 年 1 月 15 日，中华人民共和国商务部网站，http://ch. mofcom. gov. cn/article/jmxw/202201/20220103237266. shtml，最后浏览日期：2023 年 2 月 4 日。

在现有的理性主义传统和舆情治理中，公共舆论中的情感因素被视为“洪水猛兽”。但事实上，绝大多数公众通过抒发情感，表达了自身的利益诉求，并追求公平、正义。从这个角度来看，情感表达也具有影响政治秩序的力量，并对政治决策形成压力。国家领导人和主管部门的积极表态和应对有利于与人民共情，调动人们情感表达的正向作用。比如，2017 年，时任国务院总理李克强在全国“两会”和国务院常务会议上提出，要设立专项资金研究雾霾，组织相关学科的优秀科学家集中攻关雾霾的形成机理与治理，确定设立大气重污染成因与治理攻关项目。在 2017 年 4 月 26 日国务院常务会议上，李克强针对大气重污染成因和治理工作的开展作出以下阐述：

> 今年财政预算已经做完了，那我们就从总理预备费中出这个钱！
>
> 我们常说钱要花到刀刃上，这件事就是广大人民群众最急切盼望解决的事之一，该花多少钱就花多少钱！
>
> ……
>
> 现在我们观测到的雾霾，成分和形成机理到底是什么？“雾”和“霾”究竟各占多大比例？这些都需要我们更加深入地研究。
>
> 人民群众对雾霾治理有急切的期盼，我们一定要把这件事情实实在在办好。切实推动空气质量持续改善，减轻群众的呼吸之忧，坚决打赢这场“蓝天保卫战”！①

---

①《总理再发话：集中攻克雾霾成因，该花多少钱就花多少钱》，2017 年 4 月 26 日，澎湃新闻，https://www.thepaper.cn/newsDetail_forward_1671869，最后浏览日期：2023 年 1 月 24 日。

第三节 绿色低碳理念与行为的舆论情感动员

根据生态环境部环境与经济政策研究中心发布的《公民生态环境行为调查报告(2021年)》显示:人们在基本不食用陆生野生动物,拒绝购买珍稀野生动植物制品,不露天烧烤,不燃放烟花爆竹,日常及时关闭电器或水龙头,优先选择低碳出行方式等方面做得较好;在践行绿色消费(如优先选择较为低碳环保的物品)、分类投放垃圾、参与监督举报、参加政府举办的意见征求活动等方面做得不够。

绿色低碳消费是由上而下倡导和动员的绿色理念。为实现2030年前碳达峰的目标,2022年1月,国家发改委等七部门联合印发《促进绿色消费实施方案》,要在消费各领域全周期、全链条、全体系深度融入绿色理念,从消费端实现绿色低碳的转型升级。这一方案旨在号召全民参与,如何进行全民动员成为一个相当紧迫的问题。按照传统的方式,一般有两条路径:一是媒体加强宣传教育,尤其是加大好经验、好做法的经验推广力度;二是通过线下进学校、进企业、进社区、进村、进家庭的方式加以推广。

在数字媒体时代,许多研究者认为,社交媒体上的情感响应在用户的认知与行为间发挥着中介作用,借助情感认同可以催生集体行动。同理,生态问题导致的生态情感也极大地影响着集体行为。生态情感指民众对生态问题或环境行为产生的态度体验,是民众对当前生态环境被污染而产生的诸如愤怒、沮丧等负面情绪[1]及因此而产

① 王建华、王缘:《环境风险感知对民众公领域亲环境行为的影响机制研究》,《华中农业大学学报》(社会科学版)2022年第6期,第68—80页。

生的环境关心、环境责任等正面情绪。这些情绪会激发民众的环保责任感和紧迫感，社会责任感反过来又会影响社会规范，更有利于民众接受亲环境行为的引导，在个人或家庭层面采取有利于环境或至少尽可能减少对环境有负面影响的行动。①

一、情感是绿色低碳生活方式的一种可动员的社会资源

在我国的媒体实践中，联系、动员、服务群众，传递党的路线方针政策是媒体的基本职责，但在互联网时代，传统大众媒体的信息提供者角色受到挑战，网络中的情感化表达特征突出。有学者提出，在"后真相"时代，尤其是在社交媒体平台中，情感优先于事实，甚至有人用"情感群众"这一概念阐述受众群体的变迁趋势，认为情感不仅指喜怒哀乐等内在感受，更是一种作为动员策略的工具。② 根据人民日报微博的内部统计，蕴含情感因素的情感新闻是阅读量最大的一类新闻。因此，使用情感性新闻策略有利于爱国主义内容在群众中形成认同。③ 具体而言，绿色低碳情感动员的策略有恐惧诉求④、榜样力量等。

恐惧诉求是一种说服的技巧，经常被用于广告创作，通过采用

---

① M. T. Engel, J. J. Vaske, A. J. Bath, "Ocean Imagery Relates to an Individual's Cognitions and Pro-Environmental Behaviours," *Journal of Environmental Psychology*, 2021, 74(4), pp. 1－9.

② 陈阳、周子杰：《从群众到"情感群众"：主流媒体受众观转型如何影响新闻生产——以人民日报微信公众号为例》，《新闻与写作》2022年第7期，第88—97页。

③ 燕帅、宋心蕊：《人民日报社新媒体中心主任丁伟：关于移动优先的11条干货》，2017年8月19日，人民网，http://media.people.com.cn/n1/2017/0819/c120837-29481207.html，最后浏览日期：2022年2月9日。

④ 禹菲：《自媒体传播中的道德情感：舆情动员与治理逻辑》，《河南师范大学学报》（哲学社会科学版）2022年第6期，第150—156页。

“敲警钟”的方式唤起人们的危机意识和紧张心理，达成促使人们态度和行为转变目的的一种方法。雾霾污染、水污染、土壤污染等与人们的日常生活紧密相关，环境恶化迫使人们产生焦虑感和紧张感，情感距离短。用户感知的社会事件与自身生活在情感维度上的相似程度较高，[①]所以他们更容易关注相关事务进展或采取积极行动。总结而言，与食品、药品、卫生安全等领域相关的影响链特别容易引发累迫诉求。2022 年 12 月 9 日，央视网给出一组数据：

> 全球有一半的 GDP 产出与生物多样性有关；全球近 40%人口的生计依赖海洋和沿海的生物多样性；在用于治疗癌症的药物中，约七成来源于动植物。但在过去的 100 年里，人类的活动使得物种灭绝的速度是自然灭绝速度的百倍以上；1970—2016 年，世界自然基金会监测到的哺乳类、鸟类、两栖类、爬行类、鱼类种群规模平均下降 68%。生物多样性就像一副多米诺骨牌，保护生物多样性就是保护我们人类自身。[②]

榜样力量则源于模仿，可以形成建设性情感规制或规范，促进行为实践协商。19 世纪，法国著名社会学家塔尔德提出了模仿律。模仿律强调的是发明实体的影响力和模仿主体的自愿意识，这为研究社会交往互动提供了新的视角。塔尔德晚年的研究视野也从模仿理

---

① 田浩：《反思性情感：数字新闻用户的情感实践机制研究》，《新闻大学》2021 年第 7 期，第 33—45 页。

② 参见《视频丨保护生物多样性　我们在保护什么？生物多样性为什么重要？》，2022 年 12 月 9 日，央视网，https://www.mee.gov.cn/ywdt/spxw/202212/t20221209_1007531.shtml，最后浏览日期：2023 年 2 月 9 日。

论转向对传媒与舆论的现实考察。[①] 模仿律与媒介框架理论有相通之处。媒体通过建构榜样框架，不仅能指导人们思考某些特定的议题，还能影响人们的思考方式。在这个基础上，媒体通过讲述榜样的故事，可以给民众以示范的作用。

社交媒体网络是一个交流互动的模仿网络，模仿以转发或点赞的方式持续存在，形成传播流，模仿节点就是每位行动者。同时，人们的生态情感很容易在具体的公共环境情境中体现出来。

二、注重日常生活叙事与情感的结合

人们日常生活的逻辑是“解释性范式”，即人们在所处世界中是由“文化传播和语言组织起来的解释性范式的贮存”[②]。因此，传统媒体和新媒体的各类报道就成为传递、解读官方信息的重要渠道，能够将人们的日常生活与社会生活联系起来。具体而言，关于环境保护的报道呈现出以下四个特征。

第一，加入情感元素的报道更容易被接受。随着社交媒体、短视频的兴起，传统新闻叙事受到了严峻挑战，长篇的精英化叙事很难到达一般大众，加入情感元素的叙事方式更能唤起公众认可，导致新闻接受习惯展现出一种去精英化的趋势。以短视频为例，其商业价值得到了巨大的凸显，主流媒体则更突出公共性。当前，新媒体与主流传统媒体已实现融合。2017 年，梨视频与人民网、新华网等新闻单位展开战略合作，在这些主流权威媒体的加持下，梨视频开始广泛地

---

① 李萌、陈康：《从社会哲学到现实考察：塔尔德社会模仿视野下舆论的形成与演变》，《新闻界》2022 年第 3 期，第 58—69 页。

② 转引自[美]乔纳森・H. 特纳：《现代西方社会学理论》，范伟达主译，天津人民出版社 1988 年版，第 283 页。

介入公共议题，包括低碳环保类议题。

第二，“混合情感传播模式”[①]有利于绿色低碳理念的传播及行为动员。有学者认为，情感具有公共性，对情感的研究应当被置于公共领域的研究脉络，关注情感、公众、公共领域之间的关系。[②] 情感传播应用于与环保、生态、绿色低碳等主题有关的报道中，更容易激发个体和集体情感，引起情感共鸣，加强情感张力，推动网络舆论的正向发展。[③]

第三，当前的媒体更乐于讲述能带给观众审美体验的有关环保的新闻故事。2021 年 5 月，云南野生象群迁移的新闻形成“现象级”传播，引发国际社会的普遍关注。这正好与 2021 年 10 月在云南昆明举行的《生物多样性公约》第十五次缔约方大会（简称 COP15）第一阶段的会议主题“生态文明：共建地球生命共同体”呼应。一时之间，大象知识科普、追踪大象行迹、报道人与象的和谐相处，以及“云南亚洲象的奇妙之旅”“大象为啥对酒感兴趣”等与民众生活息息相关的话题成为置顶传播：

> 大象时而被调侃为“离家出走”北上“告状”的小可爱，时而化身独自玩泥巴、糊泥脸的小调皮，时而变成依靠“超萌睡姿”照片萌翻外国网友的全球网红象……尽管一路“闯祸”，却一路“受宠”。[④]

---

① 张志安、彭璐：《混合情感传播模式：主流媒体短视频内容生产研究——以人民日报抖音号为例》，《新闻与写作》2019 年第 7 期，第 57—66 页。

② 李艳红、龙强：《新媒体语境下党媒的传播调适与“文化领导权”重建：对〈人民日报〉微博的研究（2012—2014）》，《传播与社会学刊》2017 年第 1 期，第 157—187 页。

③ 彭兰：《场景——移动时代媒体的新要素》，《新闻记者》2015 年第 3 期，第 20—27 页。

④《大象知道“中国故事怎么讲”》，2021 年 6 月 11 日，澎湃新闻百家号，https://m.thepaper.cn/baijiahao_13106697，最后浏览日期：2023 年 2 月 9 日。

第四，公益广告也是一种非常重要的动员媒介，主要通过形式或标语口号给观众留下丰富、生动的情感记忆，推动观众将环保理念转化为实际行动。由中共云南省委宣传部与中央广播电视总台联合拍摄、制作的 COP15 生物多样性主题的公益广告《多姿多彩篇》(图 5-1)于 2021 年 10 月 29 日在中央广播电视总台播出，令广大观众看到了云南生物多样性之美，引发广泛关注。[①]

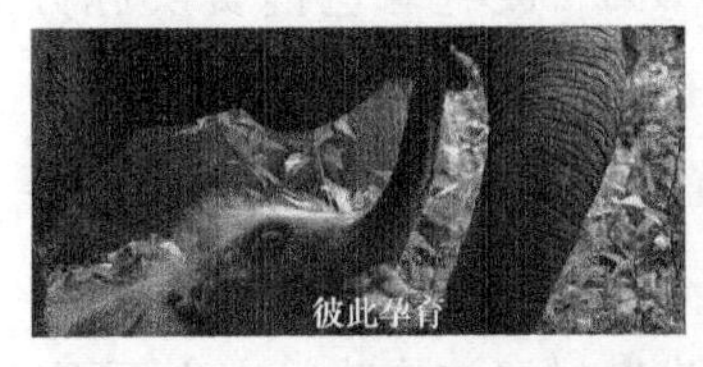

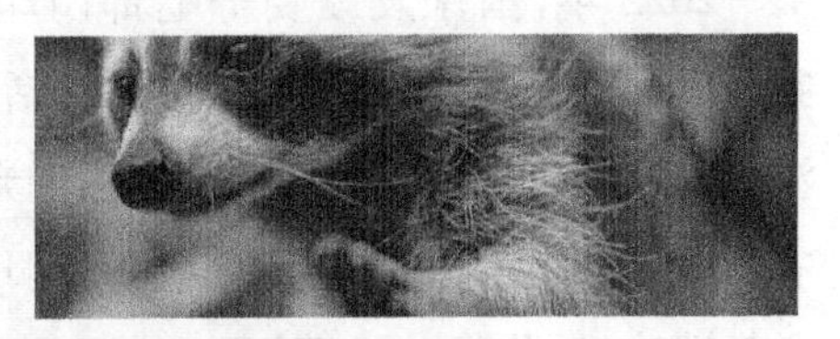

图 5-1 《多姿多彩篇》中可爱的小动物

三、明确环保动员的指向性

一般来说，国家政策和企业行为与人们的日常生活有一定的距离。对于个体而言，鼓励其参与绿色消费可能是最直接地与他们的生活挂钩的。如果说认知与情感是行为产生或发生改变的原始动力，发起环境保护的目标就应该是激发人们的生态环保情感，使之从心理层面真正地关心环境。

空气、水是人类生存的基本条件，空气质量、水质量关系着人们对幸福的感知，所以环境问题对公众身心健康的影响成为激发公众参与环境保护的最主要诱因。我国各部委下发各类文件推动环境健康风险评估、监测、调查与防控等方面的工作，如先后发布了《中国

① 《COP15〈多姿多彩篇〉公益广告在央视总台热播》，2021 年 10 月 29 日，澎湃新闻，https://www.thepaper.cn/newsDetail_forward_15130756，最后浏览日期：2023 年 2 月 9 日。

公民环境与健康素养(试行)》(2013)、《"同呼吸共奋斗"公民行为准则》(2014)、《关于进一步加强环境保护科学技术普及工作的意见》(2015)、《"十三五"生态环境保护规划》(2016)、《全国环境宣传教育工作纲要(2016—2020年)》(2016)、《国家环境保护"十三五"环境与健康工作规划》(2017)、《国家环境保护环境与健康工作办法(试行)》(2018)等,并利用各种媒介尝试提升公众的环境健康素养。

2022年,国家发改委等七部门印发了《促进绿色消费实施方案》,倡导市民进行绿色消费,具体包括提高全民节约意识,反对奢侈浪费和过度消费。国家之前也曾强调光盘行动、剩饭打包、适度购买衣物、绿色办公、绿色出行,鼓励捐赠旧衣物和旧衣回收,建议使用绿色低碳建材、节能电器、可再生能源,推进农村清洁取暖等方方面面。这类指向性明确的建议为普通大众指明了环保方向,极大地提升了公众的环保行动力。

第四节　公众参与网络治理的前提

2013年出现雾霾时的舆情证明,面对民众的质疑,政府新闻发布会或政务微博上回应时的措辞、态度或时机不当,都会进一步引起公众的误解和不满,产生次生舆情。为了更好地推动环境风险治理,2017年,环境保护部建立例行新闻发布制度,并与各类媒体合作,健全新闻发布体系。对此,生态环境部宣传教育司司长刘友宾指出:"修订《生态环境部新闻管理办法》(以下简称《办法》),把'新闻发布'摆上重要位置,改变过去新闻宣传主要靠被动防守和应对的方式,强调通过新闻发布会主动对外发布和积极回应热点。同时,《办法》还明确要求各业务部门要统筹考虑业务工作和新闻宣传工作，提升媒体素养，强调做好新闻发布是各部门的共同责任。”①

关于公众参与，这是治理的手段而不是目的。1992 年，温哥华发起了一个大型市民参与现场，主题是制定新的城市总体规划方案，经历了市民提供规划概念、市民讨论、市民投票、市民选择等一系列程序之后，直到 1995 年才进入市民与市议会讨论规划的草案阶段。由于效率极低，人们对于这个市民极端参与的案例褒贬不一。迈克尔・斯里格(Michael Seelig)教授认为，温哥华的做法是将公众参与作为一种目标，而不是管理的手段，原因如下：不是每个人都有兴趣参与；不是参与的地理范围越广泛越好；在完全的参与下，方案的重要性无从谈起；参与过程耗时长，与现实脱节且执行成本高；规划部门难以实现市民提出的方案，导致市民失望情绪加重；市民提出的目标比较空泛。②

上述案例也反映出当前互联网时代的一些问题，即不是所有的市民都关注环境治理，也不是公众提出的方案都具有当下实施的可行性。然而，一旦公众提出的方案得不到有效解决，他们便可能会失望，而且这种失望会通过互联网平台传达出来，继而形成负面的社会辐射效应。

一、多媒体数字环境中的网络参与

互联网通过自身的技术特性建构了网络政治参与的新空间，也

① 刘友宾：《生态环境新闻发布：从权威发布、回应关切到价值传播》，《环境保护》2022 年 Z1 期，第 22—23 页。

② 梁鹤年：《公众(市民)参与：北美的经验与教训》，《城市规划》1999 年第 5 期，第 49—53 页。

带来有序与无序、理性与情绪、真实与欺骗、平衡与失衡之间的抗争。现实的情况是，并不是每一位在网上发言的人都能够遵循“交往理性”的规则——真实、真诚、正确，甚至有些人在网络上的发言完全是情绪发泄式的，这成为社交媒体中社会治理面临的一个新常态。

笔者整理了《生态环境统计年报》的历年数据，表 5－4 显示了 2017—2021 年全国各级环保系统电话/网络的投诉情况。从 2015 年 6 月 5 日起，环境保护部在全国范围内开通“12369”微信举报平台。从表 5－4 可以看出，电话投诉是公众最常使用的手段，网络渠道尤其是微信投诉逐渐成为人们青睐的方式。

表 5－4　2017—2021 年全国环保系统公众参与投诉数量(单位:件)

年份＼信访情况	电话举报	微信举报	网上举报	人大建议	政协提案
2017	409 548	129 417	79 878	8 372	9 900
2018	365 361	250 072	80 766	6 814	7 665
2019	334 712	195 950	62 239	7 486	7 827
2020	231 297	204 483	33 327	4 268	5 132
2021	174 198	201 714	69 007	3 829	4 239
总计	1 515 116	981 636	325 217	30 769	34 763

有学者通过实证分析发现自媒体舆论比投诉上访更有利于促使环境治理水平的提升，他们的量化方式主要是采用面板数据，对网络舆论的测量主要是以舆论强度作为参考。百度搜索指数①、主流环境媒体报告上的数据都是代表舆论强度的重要指标。张橦考察了传统参与方式和新媒体舆论参与方式对空气二氧化硫和氮氧化物排放量

① 李子豪:《公众参与对地方政府环境治理的影响——2003—2013 年省际数据的实证分析》,《中国行政管理》2017 年第 8 期,第 102—108 页。

的影响，认为在对环境治理的影响方面，新媒体舆论参与方式要明显优于传统参与方式。[①]

新媒体更具大众性和互动性，在新媒体平台聚合的大众舆论能警示环境污染违法犯罪行为，提高行政人员对环境违法案件的关注度，进而提高政府的治理水平。[②] 当对环境经济问题的规制较弱时，媒体的关注会产生环境经济管制的替代效应，能更有效地促进企业的环保投资，[③]对环保起正向作用。中国的公众环境参与在促进产业转型方面也发挥着重要作用，如公众对工业污染的抗议会对工业区位的选择产生显著影响。[④] 公众环保诉求会促使当地政府实行更严格的环境规制，包括增加污染治理投资和颁布环保法规。[⑤]

在数字时代，相关部门要利用大数据技术及时掌握网络舆论的走向和其中凸显出来的重要观点，力求构建新型的治理体系。目前，环保举报平台和反映方式较多，公众可以在很大程度上参与协商、讨论。随着微博、微信等社交媒体平台被越来越多的人和机构使用，线上点赞、评论、分享成为公众参与的重要方式。同时，由此形成的舆论压力和影响力也开始走向台前。但是，当前的自媒体舆论还不能作为正规工具影响环境保护的相关法律法规的制定与实施。

---

① 张橦：《新媒体视域下公众参与环境治理的效果研究——基于中国省级面板数据的实证分析》，《中国行政管理》2018 年第 9 期，第 79—85 页。

② 吕志科、鲁珍：《公众参与对区域环境治理绩效影响机制的实证研究》，《中国环境管理》2021 年第 3 期，第 146—152 页。

③ 王云、李延喜、马壮等：《媒体关注、环境规制与企业环保投资》，《南开管理评论》2017 年第 6 期，第 83—94 页。

④ D. Zheng, M. J. Shi, "Multiple Environmental Policies and Pollution Haven Hypothesis: Evidence from China's Polluting Industries," *Journal of Cleaner Production*, 2017, 141(1), pp. 295 - 304.

⑤ 于文超、高楠、龚强：《公众诉求、官员激励与地区环境治理》，《浙江社会科学》2014 年第 5 期，第 23—35 + 10 + 156—157 页。

二、互联网中的协商治理与公共理性

根据 CNNIC 的最新报告，截至 2023 年 6 月，我国 20—49 岁的网民占比达到 52.5%，[①]虽然比 2022 年略有降低，但仍是占比最高的网民群体。这一群体的话语表达和社会参与需求强烈，观点上标新立异，并且认为观点重于事实本身，从维护正义到参与监督，从清议到实地调查，有主张却少论据，言论具有感性化、情绪化的特点，群体感染性强。[②] 整体上来说，多数网民是通情达理的，在与环境保护有关的议题方面，他们更在乎的是尊重和态度。

陈力丹认为舆论中混杂着理智与非理智的成分，对于失范的舆论管理，在技术层面可以通过删除、屏蔽、设置敏感词等管理办法设置警戒线和雷区。也有学者质疑这种简单化的处理方式，指出网络舆论存在亲社会倾向。亲社会参与指个人用户通过发布、转发、评论等多种方式参与突发公共事件时，所涉及的那些由社会限定的，能够使他人乃至整个群体获益的友好、积极的参与类型。[③] 网络社会已经成为人类生活空间的重要组成部分，网络文明表达规范也应受到日常伦理道德机制的规范，并在媒体层面上进行宣传，从而推动有道德约束的网络空间秩序的建立。

协商治理的基础是公共理性，而协商治理的推进又有利于公共

---

① 《第 52 次中国互联网络发展状况统计报告》，2023 年 8 月 28 日，中国互联网信息中心，https://www.cnnic.net.cn/NMediaFile/2023/0908/MAIN1694151810549M3LV0UWOAV.pdf，最后浏览日期：2023 年 10 月 30 日。

② 喻国明：《网民年轻群体心理场域的若干特征分析》，《新闻与写作》2013 年第 11 期，第 79—81 页。

③ 黄丽娜：《研究网络亲社会参与：概念、维度与测量——基于突发公共事件中社交媒体用户数据的实证》，《国际新闻界》2022 年第 8 期，第 49—69 页。

理性和主体意识的进一步觉醒。理性是一种知识和道德能力，扎根于人类成员的能力之中；[①]公共理性是公民具有的理性，由主体意识、集体意识、公共责任意识、公共规则意识和协商意识组成。在塔尔德看来，舆论并不等同于理性，他试图用一种中立的、发展的眼光看待舆论，以为舆论的理性存在于协商治理的过程中。多元主体协商的对象不是个体私人利益的叠加，而是对公共利益的最大化追求，公共理性是能够保证协商方案具有可行性的基础，据此制定的政策才更符合广大人民的利益。当然，协商治理与情感并不矛盾，理性的情感是具有建设性的。

协商治理指多元参与主体根据自身的政治参与权利，依据合法程序，通过对话协商达成共识、协调分歧，来实现国家和社会公共利益最大化的特定政治治理机制。[②] 协商意识指为了实现共同利益而进行社会合作的意识。2019 年 6 月 3 日，《环球时报》旗下的环球舆情调查中心对外发布《"蓝天保卫战、社会行动力"——2018—2019 年社会公众参与状况调查报告（简报）》。调查报告显示，当前阶段的社会公众在大气污染治理方面呈现出"参与意愿较强"的现象：近八成社会公众对政府治理态度和法规政策表示认可；八成以上民众理解环境治理的长期性，并认为治理大气污染需要全社会共同参与；约七成民众愿意以实际行动支持大气污染治理。对于曾引起网络争议的"煤改气""煤改电"政策，家里参与过"煤改气""煤改电"的民众"非常支持"这一政策的比例高于未参与群体 20％以上。

北京市环保局曾表示，2016 年北京减排措施之一就是"改农村散煤"，加大农村优质煤替换力度，加大对销售劣质煤的商家的打击

---

① [美]詹姆斯·博曼、威廉·雷吉：《协商民主：论理性与政治》，陈家刚等译，中央编译出版社 2006 年版，第 68 页。

② 王浦劬：《中国协商治理的基本特点》，《求是》2013 年第 10 期，第 36—38 页。

力度。在当时的时间节点上，笔者对北京市民进行了深度访谈。一位出租车司机说：

> 北京的蓝天多了，空气质量明显改善，我们作为北京人很自豪。我家就是北京郊区的。北京市政府开展了对郊区农村燃煤的治理，以前的农村基本家家户户燃烧劣质煤，用来做饭和取暖；如今政府投入专项治理资金，让家家户户装上空调，农村做饭的大锅也都被换了，采用新装置来做饭，这样基本上北京郊区产生的污染就非常少了，而且北京的汽车排放量标准也是国内最高的，老百姓是很支持的。我个人觉得政府这几年的治理如果还不能彻底让雾霾消失，那治理的时间可能就会很长，因为目前来看，我感觉政府能采取的措施都用上了。[①]

三、生态责任意识与环境正义

约翰·罗尔斯(John Rawls)在《正义论》中这样界定正义："正义是社会制度的首要德性，正像真理是思想体系中的首要德性一样。"[②]正义动机理论(justice motive theory)认为，中国人从根本上有一种相信"世界稳定有序，人们各得其所"的动机。[③] 罗尔斯认为，正义原则指出每一个人对所有人所拥有的自由体系是相融且相似的，

① 2016年12月5日笔者对北京出租车司机的访谈。

② [美]约翰·罗尔斯：《正义论》，何怀宏、何包钢、廖申白译，中国社会科学出版社2009年版，第3页。

③ 吴胜涛、潘小佳、王平等：《正义动机研究的测量偏差问题：关于中国人世道正义观(公正世界信念)的元分析》，《中国社会心理学评论》2016年第2期，第162—178页。

即便现实中出现各种不平等,但只有“最不利者”受惠时,这种不平等差别才会被允许存在。[①]

20 世纪 80 年代,由于环境保护中权利和义务的不对等引发“环境不公”问题,环境正义运动在美国兴起。此后,该运动在全球范围内得到广泛关注,尤其是强势群体和弱势群体在环境保护中的不对等问题。环境正义与环境非正义在国家内部和国家之间都不同程度地存在着。1987 年,美国联合基督教会种族主义委员会在研究报告中揭露了美国社会底层民众的环境弱势地位。环境主义运动认为,环境正义应保障所有人民的基本生存权及自决权,强势族群和团体不应该几乎毫无阻力地对弱势群体进行环保迫害。1994 年,印度环境主义者拉姆昌德拉·古哈(Ramachandra Guha)表达了第三世界国家对实现“环境正义”的要求,认为印度环境退化最直接的受害者是穷人、无地的农民、妇女等。环境正义运动和穷人环保主义主张使得生态环境正义成为当今全球共同认可的价值观念,环境正义也代表了当今环境伦理的发展趋势。[②]

中国人的集体意识是刻在民族灵魂深处的,集体意识有助于理解环境正义。集体意识是在小至家庭、社区,大至职业群体、利益群体、社会阶级阶层,甚至是整个民族、国家、国际性组织等社会共同体中,独立于个体而在集体层面形成的一种共同理解,[③]指集体成员为了集体利益而形成的群体意识。法国社会学家涂尔干(Émile Durkheim)在阐述现代社会的分工和合作问题的基础上,提出了“集

① 张国清、高礼杰:《互利、对等与公平:罗尔斯正义理论的休谟因素》,《学术界》2022 年第 4 期,第 42—49 页。

② 王韬洋:《“环境正义”——当代环境伦理发展的现实趋势》,《浙江学刊》2002 年第 5 期,第 173—176 页。

③ 王道勇:《社会团结中的集体意识:知识谱系与当代价值》,《社会科学》2022 年第 2 期,第 3—10 页。

体意识”的概念，认为集体意识是一种客观存在的社会事实，如果没有这种意识就会导致社会解体。

在社会个体化的趋势下，自媒体的发展迎合了这种趋势，但自媒体的吸引力并不是节点的自我展现，而是节点互相连接组成网络，网络连接的选择过程是个体重新与他人协商共同生活的契约的过程，也是集体生活方式的体现。德国社会学家乌尔里希·贝克倡议，在生态保护等全球问题上需要每个个体行动起来，形成新的集体共识，塑造一个新型社会团结局面，从而应对全球危机。

具体到国内而言，集体意识深植于党的政策、人民的日常生活，如“共同富裕”“全面小康”“舍小家保大家”“人类命运共同体”等共同体意识得到人们的普遍认可。因此，要在农村、社区、区域、国家、民族、人类等层面进行实践上的强化，依据不同的社会实践加强这种荣辱与共的集体意识，使之在社会治理体系尤其是环境保护方面发挥作用。

公共责任意识是集体意识的提升，是隶属于各个群体的公民由于共同的更广泛的公共利益追求而具有的一种责任感和使命感。网络舆论正逐渐发展成政府部门了解社会动态、掌握公民意识变化的重要途径，在当前已发展成一股不可忽视的力量，对政府进行社会治理、实现职能方面具有建设性力量。但是，有关部门也要防止和警惕集体意识的滥用。

目前生态危机的本质是工业化、全球化负面效应的代价，是个体之间、企业之间、国家之间的利益之争。生态危机产生的根源在于人们在发展过程中非理性、非正义地运用科学技术，过分追逐利益，导致人与自然关系的异化。

鉴于此，限制发达国家的污染物排放，关停或抑制污染严重、高消耗的企业，约束浪费资源的个体都是有伦理系统支持的。

第五节　案例分析

垃圾分类是我国环境系统性改善的一部分，是现代性转型的一个重要阶段。经过近 60 年的探索，2019 年，垃圾分类政策在上海和北京等地相继实施。在上海，违反垃圾分类规定的惩治措施被评为“史上最严”。

垃圾分类并不是一个短期内就能完成的任务。以日本为例，1964 年以前，日本人乱弃垃圾污物，随地小便的现象较多；1964 年以后，日本政府提出“垃圾入篓”；20 世纪提出“统一收集”的口号；20 世纪 70 年代，日本的一些地方开始出现垃圾分类政策的雏形；20 世纪 90 年代，日本逐渐建立并完善《环境基本法》《废弃物处置法》《容器包装回收利用法》等相关法律政策；2000 年以后，日本的垃圾填埋率明显降低，垃圾回收率提高了近 4 倍。[①]

反观，上海严格的垃圾分类措施在公共视野中争议颇多。本书关注这一项新的环保类公共政策执行中的民众意愿与行动背离的现象，并尝试探讨其原因。

本节选取 2019 年 5 月 1 日—11 月 30 日有关垃圾分类的媒体报道、政务微博及网友评论三部分的内容作为研究对象。具体而言，媒体报道方面，选取《解放日报》《新民晚报》的 272 篇报道；政务微博方面，选取上海发布的 89 条微博内容；网友评论方面，选取《人民日报》和上海发布在这个阶段的网友评论，共 1 116 条。报纸报道和政务微

① 常烃：《日本普及垃圾分类的实践与启示》，2019 年 7 月 11 日，中国环境报，http://epaper.cenews.com.cn/html/2019-07/11/content_85376.htm，最后浏览日期：2023 年 10 月 30 日。

博的文本框架主要分为答疑解惑、典型案例报道、信息发布、科学普及和教育启示五类；微博评论的文本框架主要分为表示质疑或批评、表示赞同或支持、提出建议、寻求帮助和娱乐搞笑五类(表 5－5)。

表 5－5　报纸报道、政务微博、微博评论的文本框架

文本框架	类目	主要内容
报纸报道和政务微博的文本框架	答疑解惑	解答公众对垃圾分类的疑虑和反馈的问题
	典型案例报道	列举一些与普通人有关的案例，如公众提出的有关垃圾分类的好点子，值得学习的榜样和事例等
	信息发布	发布关于垃圾分类的阶段性报告和政策信息等内容
	科学普及	为公众普及与垃圾分类有关的知识和行为指南
	教育启示	强调垃圾分类重要性，鼓励人们坚持垃圾分类
微博评论的文本框架	表示质疑或批评	对垃圾分类议题及相关政策表示不满或质疑
	表示赞同或支持	对垃圾分类议题及相关政策表示肯定或支持态度
	提出建议	在中立、客观的立场下，对垃圾分类议题及相关政策提出一些建议或想法
	寻求帮助	对一些具体的有关垃圾分类的问题展开询问
	娱乐搞笑	发表一些与垃圾分类议题不太相关的评论，以搞笑的网络表情和网络段子为主

（一）报纸与政务微博的议程设置

报纸报道与政务微博的议程设置具有以下三个特征。第一，报纸的报道数量随政策热度变化。从时间跨度来看,《解放日报》《新民晚报》的报纸报道在 2019 年 5—7 月的报道量逐渐增多,于 7 月达到高峰,8—10 月逐渐下降并保持稳定,11 月时迎来第二个高峰。2019 年 11 月 15 日,住房和城乡建设部发布《生活垃圾分类标志》新版标准;11 月 27 日,北京市人大常委会表决通过北京垃圾分类新规,形成新的讨论热潮。

第二,报纸议程以科普和宣传典型榜样案例的正面价值为主要议程。从报纸的报道来看,首先,科普和对典型案例进行报道的议程占近一半的比例,占比最高。具体而言,科普报道主要从科普垃圾分类方法、解释清退洋垃圾的必要性、宣传垃圾分类活动、开展典型报道的角度进行垃圾分类政策的认同建构,重点宣传优秀的社区经验和志愿者活动,强调示范效应。其次,社会参与、互动反馈框架,主要是从正面介绍市民在垃圾分类中提出的“金点子”,与市民互动的倾向明显,凸显了垃圾分类社会治理中的参与公平。再次,对公众负面反馈的报道数量总体偏少。相比之下,《解放日报》《新民晚报》的批评监督类新闻数量稍微多一点,主要是报道少数不符合垃圾分类政策的行为,以及不合理的垃圾分类标准、不合理的投放时间、相关产品不适用等问题。最后,报道中涉及官方调研与执法议程和产业衍生议程的较少。

第三,政务微博以信息发布为主要议程。具体而言,上海发布以传递信息为主的微博是最多的,有 31 条,占比达 35%。其次是列举实例类、答疑解惑类和科学普及类,占比分别为 34%、14%和 8%。此外,关于互动参与类和教育启示类的微博内容相对较少,分别为 5 条和 3 条,占比为 6%和 3%。政府信息公开制度为公众参与社会公共事务提供了基本的信息依据,公众可以行使法律赋予的知情权,理性地监督政府,有利于政府有意识地向服务型、责任型政府转变。

（二）网民的情绪及行为分析

1. 网民的评论显示出一定的负面情绪

垃圾分类有科学的依据，并经过专家团队的考证，这种行为本身就是社会所追求的“共同的善”，这种积极的价值观使行为协商成为可能。网友评论中的正面情绪呈现出初步的社区共同体特征。根据笔者的观察，上海网友在“晒出”社区光荣榜和总结上海推行垃圾分类行动一个月取得的成绩时，明确地表达了支持。不仅如此，一些退休老人自愿组成志愿者团队，不仅在思想上，更在行动上支持了垃圾分类政策的实施。总体来看，垃圾分类做得较好的小区都有志愿者(尤其是老年志愿者)进行日常监督或维护。有网友评论道：“早就该这样了，没有政府的行政命令时都是做表面文章，以前我想扔个电池都没回收的地方。”

总体来看，公共舆论的消极情绪主要体现在具体行为的落实层面。虽然超过60%的市民都认同垃圾分类的理念，了解垃圾分类的必要性，但由于政策的落实一定程度上影响了人们既有的生活，生活方式的改变和政策落实过程中的不完善导致公众产生厌烦心理，在具体行为上出现了背离现象。部分上海市民的负面情绪主要集中在以下五个方面。

一是指责科普垃圾分类方法的行动指导缺失，指南、细则不够详细，实际的垃圾分类也比较麻烦。有网友直接求助：“求垃圾分类方法的培训……”

二是在推行垃圾分类政策的初期，垃圾破袋还是一个令大众感到相当陌生的理念，它需要人们将塑料制品从湿垃圾中分拣出来分类投放，可以有效提高垃圾后期处理时的利用率与转化率，提高湿垃圾的循环利用价值。不过，垃圾破袋带来的不卫生现象，尤其是在一些老旧小区，还是令公众难以接受。有网友直言：“湿垃圾不让套袋丢，每次经过小区门口都闻到一股恶臭，再这样下去，小区的老鼠都要比流浪猫肥了。”“湿垃圾破袋应该环卫终端处理，转移到前端的结果就是到处臭气熏天!”

三是定时定点的规定对于上班族来说不够友好，给生活带来极大不便。有些网友反馈道：“限时扔垃圾的要求不合理，没地方扔时只能随手扔。”“能不能不限时？家里都成垃圾堆了。”

四是部分网友质疑了后端的垃圾处理流程。有人提出问题：“我分类半天，然后看到来的垃圾车还是将它们混在一起全部拉走。请问分类的意义在哪里?”

五是有网友对政府提供的实名制举报系统可能会泄露举报者的隐私表示担心。

2. 部分网友表现出意愿与行动上的背离

现实生活中，有一部分市民表现出“台前”象征遵从的行为。象征遵从由詹姆斯·C. 斯科特(James C. Scott)提出，指公众在“台前”(有管控和被监控的情况下)遵从规则，而在“幕后”(在没有被监控的情况下)做出虚假遵从的行为。鉴于垃圾投放时间的不方便，少数市民表现出象征遵从的行为：白天有人监管时就按标准投放，无人管束、非投放时间或者处于监控死角时就乱扔、随意投放垃圾。

在实施垃圾分类政策的初期，有网友甚至开玩笑说：“垃圾处理费需要多少钱，我们交，别折腾了。”可见，经济成本和时间成本是大众衡量是否接受垃圾分类的主要因素。

（三）三种议程的关系

首先，推行垃圾分类的初期，网友对垃圾分类的科普需求得到了政务微博和主流报纸较为充分的回应。上海发布主要发布了政策新规的调整、官方制作的垃圾分类指南等信息。此外，主流报纸还对如何更好地分类垃圾进行了回应。就垃圾破袋行为来说，根据社区经验，在社区分拣处进行破袋也是一个可行的方案，如果能够倾听不同主体的立场、态度，多方互相理解，进而完成偏好转换，就可能推动共识的达成。

其次，政务微博对公众情绪没有表现出明确的态度，而且在报纸微博和政务微博下回复的网民的情绪明显不同。从图 5 - 2 可以看出，人民日报与上海发布微博下的网民评论差异主要体现在"质问/怀疑"和"赞同/支持"上。具体而言，人民日报微博下的评论主要以赞同/支持为主，表示质问/怀疑的人相对较少；上海发布微博中的网友评论则以质问/怀疑为主要态度，持赞同/支持态度的人相对较少。上海发布是上海市人民政府的政务微博，评论者大多是在号召下参与垃圾分类的市民，所以垃圾分类政策在实践层面存在的问题通过微博评论得到了较为充分的体现；人民日报微博的评论者来自全国，地域分布较广，所以相关内容主要从理念上体现了对垃圾分类的支持，显示出的实践层面的问题不多。

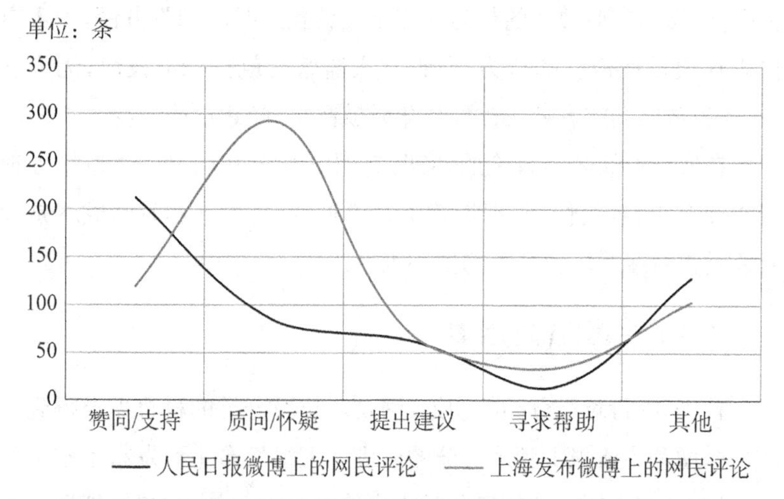

图 5 - 2　网民对人民日报与上海发布的微博表示出的评论倾向

应该说，垃圾分类作为由政府推动的一项低碳环保举措，民众在初期展现出对科普的较高需求，目的是更好地了解政策的奖惩办法和垃圾分类指南。政务微博是其中一个较为便捷的信息发布渠道，大众对其期待甚高，但如果不能响应大众的情绪并在治理行动上进行适当调整，便可能导致政务微博和政府部门面临一定的舆论压力。政务微博是政府展现治理职能的窗口，在大众特别关注的领域，其可以与多类媒体关联、互动，或者以发布会的形式及时地排解大众的负面情绪。

（四）媒体的协同治理

主流新闻媒体所发布信息的权威性要远高于其他媒体，所以在推动环保方面要积极发挥协同治理的功能，具体可以在以下两个方面作出努力。

一方面，大众媒体的报道范围应覆盖环保领域中更为丰富、广泛的议题。在我国，面对公众对垃圾分类政策的不适应，大众主流媒体及地方媒体需要做好长期宣传生活垃圾分类的意义和方法的打算，持续推动社会垃圾分类工作的有序进行，为垃圾分类的实施奠定良好的舆论基础，切勿太过功利地仅将其作为热点事件对待。地方媒体要因地制宜，根据当地的人口、经济、政策及法律要求，深入挖掘当地的典型成功经验，多做调研，更好地为大众提供经验。

另一方面，媒体舆论监督协同的对象应扩展到社会个体的行为及活动。在传统媒体时代，舆论监督的主要对象是党政机关公务人员及其施政活动，也包括社会公众人物；到了新媒体时代，舆论监督的客体范围理应扩展到社会个体层面，如网民言论及活动，这也有利于参与社会治理主体的多元化。环境问题是非常复杂的，公民或媒体在监督过程中不乏一些偏激的言论，主流媒体的参与能在与环境保护有关的热点舆情中发挥正向的引导作用，避免极端事态的发生。

/ 第六章 /

绿色低碳生态发展观认同建构与气候治理创新

如果我们选择了最能为人类福利而劳动的职业，我们就不会为它的重负所压倒，因为这是为全人类所做的牺牲；那时我们感到的将不是一点点自私而可怜的欢乐，我们的幸福将属于千万人。

——卡尔·马克思

这个世界已经到了很危险的时刻，大气层里累积了过量的二氧化碳……气候变化已经成为不争的事实。我们挽救世界的机会本已渺茫，一刻也不能再耽误了。[①]

——拉津德·帕乔里(Rajendra Pachauri，IPCC 前主席)

根据联合国政府间气候变化专门委员会(IPCC)的报告，若全球要将气温控制在升温不超过 1.5℃，那么在 2050 年左右，全球就要达到碳中和；升温若不超过 2℃，则 2070 年全球便将达到碳中和。因此，从目前的时间点来看，留给全球实现碳中和目标的时间只有短短

① 转引自苏思樵：《气候变化　全球面临的挑战》，《文明》2008 年第 11 期，第 8—9 页。

几十年。为此,发达国家在碳排放已持续下降的情况下均选择 2050 年作为实现碳中和的时间点,中国在尚未达到碳排放高峰的情况下,做出 2060 年前达到碳中和的政治承诺。[①]

中国提出 2030 年碳达峰和 2060 年碳中和的目标,是中央经过深思熟虑作出的重大战略决策,表明了我们的政治决心。碳中和是中国开启全面建设社会主义现代化国家新征程的重大战略机遇,是对整个发展范式的重新定义和塑造。[②] 美国哥伦比亚大学历史学教授亚当・图兹(Adam Tooze)在《外交政策》中撰文高度评价中国的减排目标:"就凭这两句并不算长的话,中国领导人可能已重新定义了人类的未来前景。"[③]正如习近平主席在联合国大会上发言时指出,绿色转型是一场生产生活方式的自我革命,要大家采取一致行动的挑战也是巨大的。

社会是一种文化建构,而文化可以被理解为一套价值观和信念,可以指示、引导、鼓励人们的行为。[④] 如果绿色低碳社会是一种特定的社会形态,那么它就应该有一种特定的文化,便于人们理解并践行相关的目标。

具体而言,一方面,要在社会层面对绿色低碳文化进行科普宣传,鼓励民众积极地参与并表达看法。在当前,绿色低碳时代的生态发展观是与减污降碳这一时代命题紧密联系的,如果只是沿着自上

---

① 胡鞍钢:《中国实现 2030 年前碳达峰目标及主要途径》,《北京工业大学学报》(社会科学版)2021 年第 3 期,第 1—15 页。

② 张永生、巢清尘、陈迎等:《中国碳中和:引领全球气候治理和绿色转型》,《国际经济评论》2021 年第 3 期,第 9—26 页。

③ 转引自《外媒热议中国减排承诺|"定义了人类未来前景"》,2020 年 9 月 29 日,兰州新闻网,https://www.lzbs.com.cn/gjnews/2020-09/29/content_4687880.htm,最后浏览日期:2023 年 3 月 9 日。

④ [美]曼纽尔・卡斯特:《传播力》(新版),汤景泰、星辰译,社会科学文献出版社 2018 版,第 29 页。

而下的逻辑进行宣传，不贴近民众参与的生活场景，最终就难以形成有效的认同建构。另一方面，要通过市场普及、推广相关的创新技术。依靠市场经济的助推，“双碳”战略会促使一个强大的市场预期形成，无论是政府部门、各类企业，还是传统行业、新兴行业，都要响应碳达峰、碳中和目标的号召。通过上述方式各方对推动绿色低碳生态发展观形成认同，在此基础上，才有可能实现生产、生活方式上的“绿色革命”。

不过，我们对这种文化的建构与传播应该持谨慎的态度。绿色低碳社会是全球性的，或者说基本成为全球共识，并开始与世界各国的政治、经济、历史等产生更密切的联系。事实上，不同国家的工业化进程存在差异，生活理念和生活方式不尽相同，而且在细微的科学理解上也有所不同，所以这一文化的认同建构具有复杂性和博弈性。

在我国，绿色低碳文化在国家层面已经成为主流文化，并以一种强有力的方式推动社会转型，与大气污染治理、气候治理形成历史关联。根据前文分析的内容，大气污染治理引发了民众积极的参与，并在大部分中国人之间形成了一种绿色低碳文化。这种共同的价值观、文化观可以推动实际的治理过程与治理项目，并形成有效的文化延续。

第一节　我国绿色发展观的变化

一、中华文明中的朴素自然观

从古至今，中国人对大自然的认识都有将自然界拟人化、将人类自然化的趋势，即万物合为整体，追求道法自然。这种朴素的自然观一直是中国人精神内核中非常重要的组成部分。盘古开天辟地的民间神话便是流传下来的关于人类始祖的神话：盘古抡起斧头将混沌的宇宙劈开，分为天和地；盘古倒下后，他呼出的气息变成四季的风和云，他发出的声音化作隆隆的雷声，他的双眼变成太阳和月亮，四肢变成大地上的东、西、南、北四极，肌肤变成辽阔的大地，血液变成奔流不息的江河，汗变成滋润万物的雨露。春秋战国时期，老子和庄子都主张顺应自然。这里的自然不是指自然界，而是一种本来的、自然而然的状态。老子有言，“人法地，地法天，天法道，道法自然”；庄子则说过，“天地有大美而不言，四时有明法而不议，万物有成理而不说”。到了魏晋南北朝时期，陶渊明在经历仕途挫折以后，转向了老庄哲学，直接回归自然界，并在其中寻找那种自然而然的状态。“采菊东篱下，悠然见南山”就是他在田园中寻得的一份悠然。

古代中国经历了漫长的农业社会时期。在这个过程中中华民族建立起了尊重自然，依据自然规律活动和取之有时、用之有度的发展理念。例如：

> 天育物有时，地生财有限，而人之欲无极。以有时有限奉无极之欲，而法制不生其间，则必物暴殄而财乏用矣。
>
> ——白居易《策林二》

> 顺天时，量地利，则用力少而成功多。任情返道，劳而无获。
>
> ——贾思勰《齐民要术》

> 竭泽而渔，岂不获得？而明年无鱼；焚薮而田，岂不获得？而明年无兽。
>
> ——《吕氏春秋》

二、我国快速工业化进程中的生态危机加剧

作为世界上最大的发展中国家，加快发展，尽快完成工业化，消除贫困一度是我国面临的最紧迫的任务和重大历史使命。十九大以前，党和政府一直致力于解决 1956 年中共八大提出的我国的主要矛盾，即人民对于建立先进的工业国的要求同落后的农业国的现实之间的矛盾，人民对于经济文化迅速发展的需要同当时经济文化不能满足人民需要的状况之间的矛盾。改革开放以后，我国实施以经济建设为中心的发展战略，对经济快速发展、国力提升的强烈渴望和迫切心理使得粗放式的发展方式大行其道，环境污染、资源过度开发等问题凸显出来。但是中国当时的工业基础薄弱，人口红利优势使得一部分劳动密集型产业、资源被引入中国，导致中国的经济增长方式存在“高投入、高消耗、高排放、不协调、难循环、低效率”等问题。[①]

发展问题与环境问题的博弈在全球引起了众多学者的关注，他们对生态危机提出了警示。美国海洋生物学家蕾切尔·卡森对工业文明时期人类对自然的掠夺进行了分析，认为“当生物学和哲学都还处在初级阶段的时候，人类就只会想想自然的存在就是为了人类的方便有利”[②]。虽然各国的政府部门对环境问题加强了关注，发表了一系列关于环境保护和政策分析的报告、年鉴，但在实际的经济发展模式中，“增长优先”仍然是头等大事，环境保护很容易进入“污染—治理—再污染—再治理”的恶性循环。

根据 2022 年世界气象组织发布的《全球气候状况报告(2022)》，

---

① 马凯:《科学的发展观与经济增长方式的根本转变》,《求是》2004 年第 8 期,第 7—11 页。
② [美]蕾切尔·卡森:《寂静的春天》,张雪华、黎颖译,人民文学出版社 2020 年版,第 263 页。

全球年平均陆地气温较 1850—1900 年平均值偏高 1.67℃，为 1850 年以来第四高；2022 年全球年平均降水量较常年偏多，但空间分布差异大；全球气象灾害多发频发，主要表现为北半球夏季高温干旱以及全球区域性暴雨洪涝灾害；全球不同区域出现的高温热浪、干旱和野火事件持续增加。一个严峻的事实再次摆在人们面前，即地球正在以一种前所未有的速度变暖。①

2002 年，联合国开发计划署发布了《中国人类发展报告 2002：绿色发展，必选之路》，"绿色发展"一词进入人们的视野。中国政府积极响应，在 2003 年 10 月召开的十六届三中全会提出"坚持以人为本，树立全面、协调、可持续的发展观，促进经济社会和人的全面发展"。这一科学发展观中显示出了可持续发展的理念，对以往粗放式的发展模式进行了修正。

三、创新、协调、绿色、开放、共享的绿色生态发展观

中国在改革开放后的近 40 年中取得了举世瞩目的经济进步。世界银行于 2022 年 7 月公布了最新世界收入划分标准：低收入国家 2021 年的人均 GNI（国民总收入）小于 1 085 美元，中等偏下收入国家的居民人均 GNI 为 1 086—4 255 美元，中等偏上收入水平国家的居民人均 GNI 为 4 256—13 205 美元，高收入国家的居民人均 GNI 为 13 205 美元以上。② 按照这一标准，2021 年我国人均 GNI 为

① 《〈全球气候状况报告（2022）〉速读》，2023 年 3 月 20 日，中国气象科普网，http://www.qxkp.net/zxfw/zjsd/202303/t20230320_5379107.html，最后浏览日期：2023 年 4 月 12 日。

② 《World Bank Country and Lending Groups》，2021 年 7 月，世界银行组织官方网站，https://datahelpdesk.worldbank.org/knowledgebase/articles/906519-world-bank-country-and-lending-groups，最后浏览日期：2023 年 2 月 11 日。

11 890 美元，中国已属于中等偏上收入水平的国家。[①] 与我国的经济发展同步，绿色发展理念经历了前期的酝酿，成为中国经济社会发展到一定阶段的必然选择。

经过了近四十年的快速发展，中国产业顺利升级，经济结构得到优化，在众多创新技术的加持下，中国经济由粗放型向集约型转变，由传统型向现代型转变，由单一向多元转变。在中国经济转型升级的进程中，党和政府充分认识到绿色发展观的重要性，并将应对气候变化作为推进生态文明建设、实现高质量发展的重要抓手，通过产业低碳化为绿色发展提供新动能。

2012 年，党的十八大报告首次单篇论述"生态文明"，第一次提出"推进绿色发展、循环发展、低碳发展"，"努力建设美丽中国，实现中华民族永续发展"。这是中国共产党人执政理念的新发展。2017 年，习近平同志所作的党的十九大报告对当前我国社会主要矛盾作出与时俱进的新表述，指出"中国特色社会主义进入新时代，我国社会主要矛盾已经转化为人民日益增长的美好生活需要和不平衡不充分的发展之间的矛盾"。[②] 2018 年，习近平主席在全国生态环境保护大会上的讲话指出"给自然生态留下休养生息的时间和空间"，深刻地阐释了人与自然和谐共生的科学自然观，并将这种自然观与产业结构、生产方式、生活方式密切结合。2021 年 10 月，国务院新闻办公室发布《中国应对气候变化的政策与行动》白皮书，全面介绍了党的十八大以来中国应对气候变化的政策理念、实践行动和成就贡献，介

---

① 《综合实力大幅跃升　国际影响力显著增强——党的十八大以来经济社会发展成就系列报告之十三》，2022 年 9 月 30 日，国家统计局官网 http://www.stats.gov.cn/xxgk/jd/sjjd2020/202209/t20220930_1888887.html，最后浏览日期：2023 年 6 月 23 日。

② 冷溶：《人民日报：正确把握我国社会主要矛盾的变化》，2017 年 11 月 27 日，人民网，http://opinion.people.com.cn/GB/n1/2017/1127/c1003-29668321.html，最后浏览日期：2023 年 6 月 12 日。

绍中国应对气候变化、推动全球气候治理的倡议主张。这些理念的提出和各类白皮书的发布表明，我国将坚定不移地走绿色低碳发展道路。

第二节　全球气候治理体系的建立与传播

全球气候治理体系建立在各国协商的基础之上，其最主要的体现就是《联合国气候变化框架公约》（UNFCCC，以下简称《公约》）具体协议的确立及不断深化。气候变化问题是一个世界性问题，作为全球治理的重要主体，联合国在全球气候治理中发挥着重要作用。1988 年，联合国下属的世界气象组织（WMO）和联合国环境规划署（UNEP）联合建立了政府间气候变化专门委员会（IPCC）。1992 年 5 月 22 日，IPCC 就气候问题达成协议，在同年 6 月 3 日签署《公约》，于 1994 年 3 月 21 日正式生效。这个《公约》是世界上第一部为全面控制温室气体排放、应对气候变化的具有法律约束力的国际公约，明确提出了"共同但有区别的责任"的原则。早在 1972 年 6 月，召开于瑞典斯德哥尔摩的联合国人类环境会议就提出，保护环境是全人类的共同责任，发展中国家的环境问题"在很大程度上是发展不足造成的"。这后来被视为"共同但有区别的责任"原则的雏形。[①]《公约》规定每年举行一次缔约方大会，第一届缔约方大会于 1995 年在德国柏林举行。

---

① 《中国网评|坚持共同但有区别的责任原则，才是应对气变的务实态度》，2021 年 4 月 28 日，澎湃网，https://m.thepaper.cn/baijiahao_12438987，最后浏览日期：2022 年 11 月 14 日。

一、《联合国气候变化框架公约》的几次关键会议

全球各个国家的工业化发展程度不同，能源消耗类型不同，如何在各国不同发展阶段中形成对碳达峰、碳中和的合力，并将温度控制在一个范围之内，成为一个难题。为了解决它，各种国际组织开始向各国提供决策选择，并进行公开的辩论。从历史的角度上看，过去的一两百年，发达国家在实现工业化的过程中已经排放了大量的温室气体，但它们在当前的治理中承担的责任却远远不够。

根据各国碳中和承诺期和治理理念的不同，具体可以将全球气候治理体系的发展分为三个阶段。

第一阶段为 1991—2012 年，采取“自上而下”和强“共区原则”[①]的治理模式。这一阶段是第一承诺期，以 1997 年达成的《京都议定书》(Kyoto Protocol)协议为核心。《京都议定书》规定了主要工业发达国家的二氧化碳、甲烷、氧化亚氮等六种温室气体的减排比例，并未对发展中国家规定具体的减排义务。同时，发达国家之间实行减排合作机制，并向发展中国家提供额外的资金或技术，帮助它们减排温室气体。美国曾于 1998 年签署《京都议定书》，但 2001 年布什政府以“减少温室气体排放将影响美国经济发展”和“发展中国家也应该承担减排和限排温室气体的义务”为借口，宣布拒绝批准《京都议定书》。在欧盟的强力斡旋和推动下，2004 年俄罗斯批准《京都议定书》。2005 年 2 月，《京都议定书》正式生效。

第二阶段为 2013—2020 年，采取过渡式“自愿减排”和弱“共区

---

① 该原则是国际气候治理机制的重要构成要素，旨在为发达国家与发展中国家规定不同的减排责任与义务，从而使该国际机制体现出公平与合理性的制度特征。

原则”的治理模式。这一阶段是第二承诺期，以 2009 年的哥本哈根会议为核心。不过，此时的治理模式已经发生变化，“共同但有区别的责任”被弱化，“共同责任”的理念得到加强。根据中国科学院院士丁仲礼的解释，哥本哈根谈判的重点是各国的碳排放量，但要考虑所讨论的排放量是仅考虑当前的排放量，还是要考虑历史排放量和人均排放量问题。根据 2022 年 10 月 27 日联合国环境规划署发布的《2022 排放差距报告》，从累计排放看，1850—2019 年各国的二氧化碳排放总量（不包括土地利用、土地变化利用和林业排放）占比从大到小依次是美国占据 25%，欧盟占据 17%，中国占据 13%，俄罗斯联邦占据 7%，印度和印度尼西亚分别占 3%和 1%。[①] 发达国家在长达几百年的工业革命中排放了大量的二氧化碳，但它们却不准备为历史负责。各国在经济发展中必然会产生碳排放，所以争论的本质是各国的发展权，尤其是发展中国家的发展权问题。最终，因争议较大，未形成对所有缔约方有约束力的协议，《哥本哈根协议》(Copenhagen Accord)草案未获通过。

第三阶段是从 2021 年至今，采取“自下而上”和新“共区原则”的治理模式。这一阶段以 2015 年通过的《巴黎协定》(The Paris Agreement)为核心。巴黎气候变化大会上的 178 个缔约方达成《巴黎协定》和相关决定，标志着国际社会在应对气候变化的进程中又向前迈出了关键一步。[②] 该协定最大限度地凝聚了各方共识，向《联合国气候变化框架公约》设定的“将大气中温室气体的浓度稳定在防止

---

① 《UNEP〈2022 排放差距报告〉解析》，2022 年 11 月 16 日，经济观察网，http://www.eeo.com.cn/2022/1116/567228.shtml，最后浏览日期：2022 年 12 月 10 日。

② 《〈巴黎协定〉开启 2020 年后全球气候治理新阶段》，2015 年 12 月 14 日，新华网，http://www.xinhuanet.com/world/2015-12/14/c_128528644.htm，最后浏览日期：2022 年 11 月 13 日。

气候系统受到危险的人为干扰的水平上”的目标迈进了一大步。必须承认，目前各国提交的“国家自主贡献”目标还不足以保证21世纪全球升温幅度控制在2℃以内。为了不断提升减排力度，《巴黎协定》明确了从2023年开始以5年为周期的全球盘点机制(global stocktake)，包括对减缓行动和资金承诺等较为全面的盘点，目的是促进未来各国逐步提升减排标准的雄心，弥合实际气候行动与目标之间的差距。

《巴黎协定》将全球气候治理的理念进一步确定为低碳绿色发展，并向全世界发出了清晰而强烈的信号：走低碳绿色发展之路是人类未来发展的不二选择，绿色低碳是未来全球气候治理的核心理念。同时，这一协定奠定了世界各国广泛参与减排的基本格局。根据《巴黎协定》，所有成员承诺的减排行动，无论是相对量化减排还是绝对量化减排，都将纳入一个统一的有法律约束力的框架。这在全球气候治理中尚属首次。

《巴黎协定》的签署大大推动了全球气候治理体系的转型，它是一份具有法律约束力的适用于所有缔约方的国际协议，[①]明确了国际社会2020年后加强应对气候变化行动与国际合作的制度安排。从发展中国家的立场来看，《巴黎协定》并不完美，因为“共区原则”没有在减缓、适应、损失与损害问题、气候融资等问题上得到充分体现，发达国家逃避历史责任的意图越来越明显，发展中国家之间的分化趋势也有增无减。这些问题充分说明，今后建立一个更加公平、合理、有效的国际气候体制仍然任重道远。

我们也应该清楚地认识到，虽然全球各国在连续不断地签订国际公约，不断地召开相关的国际大会，但脆弱的自然环境并未见其根

---

① 李慧明：《〈巴黎协定〉与全球气候治理体系的转型》，《国际展望》2016年第2期，第1—20页。

本性的好转，而且不确定和无法预料的未来的生态风险的症状始终潜伏在人类的周围，威胁着人类的生存。

二、中国的碳排放碳制度和技术体系建设

2022 年 11 月 6—18 日《联合国气候变化框架公约》第二十七次缔约方大会期间，中国提交了《中国落实国家自主贡献目标进展报告(2022)》。该报告展现了中国在气候变化减缓方面的成果：2021 年，中国的碳排放强度（单位国内生产总值的二氧化碳排放）比 2020 年降低了 3.8%，比 2005 年下降了 50.8%；中国的水电、风电、太阳能发电、生物质发电装机均居世界前列，全社会清洁能源消费占比提升至 25.5%。

碳排放涉及两个概念，即碳中和、碳汇。二氧化碳浓度上升是因为排放的二氧化碳超过了被消耗的二氧化碳，要想不上升，排放和消耗必须相等，这就是碳中和；碳汇主要指森林、草原、湖泊等吸收并储存二氧化碳的多少，或者说森林吸收并储存二氧化碳的能力。要达到碳达峰与碳中和的要求，必须重视绿色技术创新，即遵循生态原理和生态经济规律，节约资源和能源，避免或减少具有生态环境污染性或破坏性的技术创新行为。①

根据 2022 年 10 月 18 日印发的《建立健全碳达峰碳中和标准计量体系实施方案》，我国到 2025 年基本建立碳达峰碳中和标准计量体系，到 2030 年使该体系更加健全，2060 年全面建成并达到引领国际的水平。2016 年 12 月 22 日，中国成功发射首颗全球二氧化碳监

① J. H. Shao, X. X. Fei. "Research on Green Technical Innovation & Administration," *Proceedings of the 3rd International Conference on Produce Innovation Management*, 2008, pp. 1065 - 1069.

测科学实验卫星 TanSat，在全球二氧化碳监测领域发出“中国声音”。碳达峰和碳中和为全球技术创新提供了一个崭新的目标，并催生了绿色技术革命。联合国在 2013 年提出控制全球温度升幅不超过 2℃的目标，2018 年 IPCC 又提出升幅不超过 1.5℃的目标，当时很多人认为技术不足以支持碳中和的实现。但到了 2020 年，技术进步使风能、太阳能的成本大幅下降，新能源产业蓬勃发展，新技术在可预见的未来有望为碳中和目标提供强大的支撑，并创造新的产业，带来新的发展机遇。[①] 此外，固碳技术也正处于不断发展的过程中，具体包括物理固碳和生物固碳。物理固碳是将二氧化碳长期储存在开采过的油气井、煤层和深海里；生物固碳是将无机碳（大气中的二氧化碳）转化为有机碳（碳水化合物），并将其固定在植物体内或土壤中。

近几年，中国的碳制度体系建设正逐步落实。2016 年，“十三五”规划将低碳发展水平提升、碳排放总量得到有效控制列入总体规划目标，第一次提出控制碳排放总量的要求[②]，并在“十三五”期间提前完成承诺的到 2020 年实现气候治理目标。2021 年，“十四五”规划明确要求制定 2030 年碳达峰行动方案，坚持降低碳强度为主、控制碳排放总量为辅的方针，积极应对气候变化，推进发展方式绿色转型。[③]

2021 年 3 月 15 日召开的中央财经委员会第九次会议上，习近平总书记提出将碳达峰与碳中和目标纳入生态文明建设整体布

---

① 张永生、巢清尘、陈迎等:《中国碳中和:引领全球气候治理和绿色转型》,《国际经济评论》2021 年第 3 期，第 9—26 页。

②《中华人民共和国国民经济和社会发展第十三个五年规划纲要》，2016 年 3 月 17 日，中国政府网，http://www.gov.cn/xinwen/2016-03/17/content_5054992.htm，最后浏览日期:2023 年 2 月 1 日。

③《中华人民共和国国民经济和社会发展第十四个五年规划和 2035 年远景目标纲要》，2021 年 3 月 13 日，中国政府网，http://www.gov.cn/xinwen/2021-03/13/content_5592681.htm，最后浏览日期:2023 年 2 月 1 日。

局。[①] 同年4月召开的领导人气候峰会上，习近平主席发表题为《共同构建人与自然生命共同体》的重要讲话，提出了“六个坚持”，鼓励重点行业、重点企业率先达峰，并通过“一带一路”、南南合作等国际合作推广中国碳减排经验。[②] 2021年10月24日发布的《中共中央 国务院关于完整准确全面贯彻新发展理念做好碳达峰碳中和工作的意见》提出了双碳工作的五个原则，即全国统筹、节约优先、双轮驱动、内外畅通、防范风险。[③] 同时，国务院发布了《2030年前碳达峰行动方案》，提出实施能源绿色低碳转型行动、节能降碳增效行动、工业领域碳达峰行动、城乡建设碳达峰行动、交通运输绿色低碳行动、循环经济助力降碳行动、绿色低碳科技创新行动、碳汇能力巩固提升行动、绿色低碳全民行动、各地区梯次有序碳达峰行动的“碳达峰十大行动”。[④]

2023年1月，国务院新闻办公室发布《新时代的中国绿色发展》白皮书，分享了绿色发展进程中的中国故事，反映了我国取得的历史性成就，展示了我国的大国担当。[⑤] 总结而言，我国碳达峰、碳中和的治理实践主要从四个方面进行过渡转型：一是逐步从“能源消费总量

---

① 《习近平主持召开中央财经委员会第九次会议强调：推动平台经济规范健康持续发展，把碳达峰碳中和纳入生态文明建设整体布局》，2021年3月15日，中华人民共和国国家互联网信息办公室网站，http://www.cac.gov.cn/2021-03/15/c_1617385021592407.htm，最后浏览日期：2023年2月1日。

② 《共同构建人与自然生命共同体》，2021年4月24日，人民网，http://dangshi.people.com.cn/n1/2021/0424/c436975-32086665.html，最后浏览日期：2023年2月1日。

③ 《中共中央 国务院关于完整准确全面贯彻新发展理念做好碳达峰碳中和工作的意见》，2021年10月24日，中国政府网，http://www.gov.cn/zhengce/2021-10/24/content_5644613.htm，最后浏览日期：2023年2月1日。

④ 《国务院关于印发2030年前碳达峰行动方案的通知》，2021年10月24日，中国政府网，http://www.gov.cn/zhengce/content/2021-10/26/content_5644984.htm，最后浏览日期：2023年2月1日。

⑤ 《国务院新闻办公室发布〈新时代的中国绿色发展〉白皮书》，2023年1月19日，央视新闻，https://news.cctv.com/2023/01/19/ARTI16gbCQdN6FxohfdCGdy9230119.shtml，最后浏览日期：2023年2月1日。

和能源强度双控”向“碳排放总量和碳排放强度双控”转型；二是从能源环境约束到高质量发展的思路转型；三是从单一减排到协同减排的策略转型；四是从重点行业领域向全社会系统降碳的行动转型。

三、案例分析：《人民日报》对“双碳”议题的报道

本书选取《人民日报》2007 年 4 月 23 日—2022 年 2 月 12 日有关碳中和、碳排放议题的共 208 篇报道。本部分主要从议题框架内容、新闻来源、报道类型三个方面研究《人民日报》碳中和、碳排放相关议题的报道。

（一）新闻议题的框架

表 6－1 的统计结果显示，《人民日报》关于“双碳”的报道主题较为丰富，其中主要是政治议题和经济议题，二者占比为 72.59%。碳达峰与碳中和是党中央作出的承诺，是国家战略和经济转型的机遇。各行各业的绿色转型，全国碳交易市场的顺利建设与运作为碳排放的减少和“双碳”目标的实现作出了巨大贡献。《人民日报》作为我国的主流媒体，在政治层面凸显了国家战略的重大调整。

表 6－1 《人民日报》关于“双碳”的议题框架

《人民日报》	政治议题	经济议题	科技议题	环境议题
数量（单位：篇）	70	81	11	46
占比	33.65%	38.94%	5.29%	22.12%

具体而言，在关于政治议题的 70 篇报道中，国内报道有 55 篇，占比为 78.57%。国内政治议题的相关报道主要是围绕碳达峰、碳中

和战略决策的要求、目标、主要任务等进行的解读，各地政府部门减碳降污的工作部署，规范碳市场的制度和完善相关行业绿色转型的政策保障的相关报道。在这 55 篇报道中，有 54 篇是正面报道，仅有 1 篇是对碳排放超标企业通报的负面报道。

与该议题相关的国际报道有 15 篇，占比为 21.43%。其中，正面报道有 11 篇，负面报道有 4 篇。正面报道主要是报道欧盟成员国、韩国、日本等发达国家为推进碳中和、减少碳排放所颁布、签署的方案，但它们往往忽略了发展中国家在国际碳中和、碳减排推进过程中扮演的角色。此外，《人民日报》还采访了国际野生生物保护学会欧洲项目欧盟战略关系总监珍妮丝·辛格(Janice Singer)，发表了报道《中国担当赢得广泛赞誉》；刊登法国宪法委员会主席、前外交部长洛朗·法比尤斯(Laurent Fabius)所作的《为全球应对气候变化作出更大贡献》一文等，对肯定中国为全球气候问题所作贡献的国际声音进行了报道。负面报道主要与欧盟就国际航空、航海排放问题采取单边措施的内容有关。

涉及环境议题的报道数量占整体报道的 22.12%，《人民日报》主要从以下三个方面进行了报道：一是当前我国面对的气候变化挑战及其影响，如《应对气候走极端　降碳按下快进键》一文对“极端天气气候事件为何频发，怎样科学应对气候变化，碳达峰、碳中和目标如何实现”等问题进行了解答；二是围绕减少碳排放的必要性及重要性和中国现阶段的碳减排成果，如《实现碳中和，需要全球合作应对》《站在人与自然和谐共生的高度谋划发展》等文章；三是对能源行业、建筑业、交通行业等各行各业如何实现减碳降污等进行报道，如《实现碳中和　森林作用大》《构建清洁低碳现代能源体系》等文章为实现“双碳”目标提供了经验。

科技议题较少，占比为 5.29%，主要报道了科技创新对各行各业低碳转型和对实现“双碳”目标的重要性，以及大气本底站（气象监测站）的构建和碳卫星发射等新闻。总体来说，科技议题在总体报道中的占比偏低，但实现碳达峰、碳中和目标既需要材料、能源和工艺等方面的更新迭代，也需要工业、农业、交通、建筑等领域的低碳转型，科技支撑必不可少，所以《人民日报》在进行相关报道时可以提高科技议题的报道数量。

（二）报道体裁

通讯与消息是《人民日报》在进行相关议题报道时最常用的体裁，两者占比为 59.61%；其次是深度报道和评论，分别占总体的 22.12%和 14.42%（表 6-2）。消息和通讯是《人民日报》使用频率最高的体裁，因为它们可以快速、准确地为公众报道相关事件，满足受众的信息需求，如“首届碳中和国际实践大会在京举行”“我国建成温室气体及碳中和监测核查支持系统”等。对于像如何助力碳中和、减少碳排放等需要受众深思的问题，《人民日报》则会选择深度报道或评论作为体裁，帮助受众更为深入地理解相关议题和专家观点。

表 6-2 《人民日报》的报道体裁

报道体裁	数量（单位：篇）	占比
消息	58	27.88%
通讯	66	31.73%
评论	30	14.42%
深度报道	46	22.12%
采访	3	1.44%
其他	5	2.40%
总计	208	99.99%

从报道方面来看，我国主流媒体需要采用更为丰富的新闻评论加强对发展中国家声音的议题建构。在这方面，西方媒体擅用新闻评论进行国家形象批评。比如，在2009年底的哥本哈根气候大会上，美国、日本、澳大利亚等发达国家的媒体纷纷把碳排放的责任归咎于发展中国家；英国能源和气候变化大臣埃德·米利班德（Ed Miliband）更是在《卫报》上撰文，指责中国"挟持"哥本哈根会议，英国媒体也抹黑中国为气候谈判的"搅局者"。[①] 作为国家的主流媒体，《人民日报》要利用新闻评论发出我们自己的声音，加强对相关议题的建构。巴黎气候变化大会官方网站的数据显示，2010年，发达国家人均排放量约为发展中国家的3倍。根据之前的缔约方协议，到2020年时，发达国家应实现每年提供总计1 000亿美元，以帮助发展中国家应对气候变化。但是，根据巴黎的经济合作与发展组织在2015年10月发布的报告显示，在2014年，这一资金总额只有620亿美元。[②] 2015年，印度总理纳伦德拉·莫迪（Narendra Modi）在英国《金融时报》上撰文表示，"当年依靠化石燃料实现富裕"的先进国家，必须继续肩负起最沉重的负担，"其他安排在道德上都是错误的"。[③] 此外，中国作为发展中国家的代表一直在努力，争取发展中国家的发展权。在2022年《联合国气候变化框架公约》第二十七次缔约方大会上，习近平主席特别代表、中国气候变化事务特使解振华呼吁发达国家兑现对发展中国家提供气候资金的承诺。依据《哥本哈根协议》，发达

---

① 李舒、陈菁瑶：《新闻评论与国家形象传播》，《新闻大学》2013年第4期，第45—49页。

② 《"共同但有区别的责任"使全球气候谈判艰难进行》，2015年11月25日，新华网，http://www.xinhuanet.com/world/2015-11/25/c_128466388.htm，最后浏览日期：2023年2月1日。

③ 《印度总理：富国须承担减排主要责任》，2015年11月30日，新浪财经，https://finance.sina.com.cn/world/20151130/070123885749.shtml，最后浏览日期：2022年11月14日。

国家承诺每年拿出 1 000 亿美元，但从来没有落实，这显示出其虚伪。

（三）新闻来源

在《人民日报》与碳中和、碳排放议题相关的报道中，“本报原创”是其主要的新闻来源形式，占全部报道的近 80%，还有其他少量报道来源于政府机构与官员、公司企业、国内外专家学者和非政府组织，没有一篇报道来源于普通公众（表 6－3）。尽管碳中和、碳排放的相关议题属于国家政策和环境问题，但也需要对普通公众的低碳生活进行宣传，所以《人民日报》在追求专业、科学报道的同时，也应倾听普通人的声音，拓展消息来源的多样性。

表 6－3　《人民日报》的新闻来源情况

新闻来源	数量（单位：篇）	占比
政府机构与官员	10	4.81%
本报原创	163	78.36%
专家学者	11	5.29%
公司企业	23	11.06%
非政府组织	1	0.48%
普通公众	0	0
总计	208	100%

第三节　一个分析框架：多方协同“嵌入”绿色技术科普

“十四五”时期是我国生态文明建设进入以降碳为重点战略方

向，推动减污降碳协同增效，促进经济社会发展全面绿色转型的关键时期；要统筹污染治理、生态保护，应对气候变化，努力建设人与自然和谐共生的现代化，实现“双碳”目标。这一切，都离不开科普工作的强力支撑。[①]

“科普”并不是一个新名词。在传统观念中，科普似乎与政府、媒体和科学家的工作联系更为紧密。但是，在新的“大科普”理念的指导下，科普要面向全社会，在不同主体、不同事件、多元空间中进行，并且要在各方形成有效联结，通过科学知识的嵌入[②]和关系网络的嵌入，盘活全社会的科普局面，助力创新发展。

“协同(collaboration)指向跨越组织与部门边界的多重部门关系，共同协力达成共同目标，而不是以互惠价值为基础的合作。”[③]以绿色低碳为特征的经济发展历史性变革时期即将到来，环境、健康和气候变化等多领域协同发展更具有现实性和紧迫性。随着全社会“大科普”理念的树立，各级党委和政府、各行业主管部门、各级科学技术协会、各类科研机构、高校、企业、各类媒体、广大科技工作者和公民等协同推进社会化科普的发展，积极参与气候变化与低碳经济的科学传播工作，将科学传播网络的结构拓展到更广阔的范围。一方面，政府应从顶层设计的角度完善法律法规体系，将全社会科普工作的细则具体为主要内容；另一方面，企业以科普产业化为焦点，尤其是高科技企业应积极参与科普产业化，提高民众对前沿高新技术

---

① 王辉健:《实现“双碳”目标　须跑好科普这一棒》，2022 年 9 月 19 日，光明网，https://epaper.gmw.cn/gmrb/html/2022-09/19/nbs.D110000gmrb_07.htm，最后浏览日期：2023 年 2 月 10 日。

② 徐顽强、张红方:《科学普及“嵌入”社会热点事件的模式研究》，《科普研究》2012 年第 2 期，第 16—21 页。

③ [美]罗伯特·阿格拉诺夫、迈克尔·麦圭尔:《协作性公共管理:地方政府新战略》，李玲玲、鄞益奋译，北京大学出版社 2007 年版，第 4—5 页。

的理解，使民众更好地了解和接纳企业产品。

2022 年，中共中央办公厅、国务院办公厅联合印发《关于新时代进一步加强科学技术普及工作的意见》，提出“坚持把科学普及放在与科技创新同等重要的位置”，推动科普全面融入经济、政治、文化、社会、生态文明建设中的顶层设计，指出我国的科普工作存在对其重要性认识不到位、落实科学普及与科技创新同等重要的制度安排不完善、高质量科普产品和服务供给不足、网络伪科普流传等问题。①

科普教育的目的是通过普及科学知识、倡导科学方法、传播科学思想、弘扬科学精神来达到各界在科学问题上的互相理解。但是，在这个过程中，“公众理解科学”的内涵显得有些模糊。英国学者艾伦·欧文(Alan Irwin)提出了情景化科学传播理论，以“科学对话”的方式让公众更好地了解科学。② 同时，传播领域的研究者要相当有耐心地了解公众想要学习怎样的知识，公众经过学习后的接受能力会有怎样的变化，以及相关科普项目的导向性发展等。只有在这个基础上，才有可能让公众接近真正的科学知识。

一、科普法的法律体系建构

为了更好地开展科普教育工作，我国做出了很大的努力。2002 年，我国颁布了第一部关于科普的法律，即《中华人民共和国科学技术普及法》。2022 年 9 月，我国科技部开始推动该法的修订工作，并

① 《中共中央办公厅　国务院办公厅印发〈关于新时代进一步加强科学技术普及工作的意见〉》，2022 年 9 月 4 日，中国政府网，http://www.gov.cn/zhengce/2022-09/04/content_5708260.htm，最后浏览日期：2023 年 2 月 19 日。

② 杨正《超越：“缺失-对话/参与”模型——艾伦·欧文的三阶科学传播与情境化科学传播理论研究》，《自然辩证法通讯》2022 年第 11 期，第 99—109 页。

向社会公开征求意见。由于当时的科普法在立法理念、执法及与其他法律的衔接方面有明显的不足，在全社会科普推动创新的背景下，我国需要一部政治引领、主体责任明确、奖惩规范、实施细则操作性强的科普法。①

首先，应完善相关的法律制度。从目前来看，我国已经建立以宪法为根本法，以《中华人民共和国科学技术进步法》《中华人民共和国科学技术普及法》为基本法，各地方出台地方性科普法规的法律法规体系。科普法的制定应符合科学发展实际，并服务于科技创新的需要。《中华人民共和国科学技术普及法》第四条规定，科普是公益事业。目前，科普经费的投入主要来自各级政府拨款。2019 年，党的十九届四中全会强调，创新公共服务提供方式，鼓励支持社会力量兴办公益事业。尤其是一些高科技企业参与和产业相关的科普事业，与政府进行联动，即使不能直接创造经济效益，至少可以抵消一些逐利行为造成的不良后果。根据 2023 年科技部发布的全国科普统计数据，2021 年科普工作经费筹集规模为 189.07 亿元，比 2020 年增长 10.10%。其中，各级政府部门拨款 150.29 亿元，占比 79.49%。② 从长远来看，政府需建立多元投入机制，鼓励企业尤其是国有企业参与。

其次，应推动科普事业的产业化发展。当前，绿色经济复苏是新的经济增长点，我国在水电、风电、光电、电动汽车等领域已经达到世界领先水平。在此背景下，科普产业化可以着眼于更多关于中国科技发展的故事。例如可以采用动画的方式。中央电视台曾推荐俄罗

---

① 张秀华、程碧茜、王丽慧：《以法律健全科普社会化机制——〈科普法〉执行效果分析及其修订的原则性思考》，《自然辩证法研究》2022 年第 6 期，第 62—70 页。

②《全国科普统计数据：2021 年全国共有科技馆和科技类博物馆 1 677 个》，2023 年 1 月 1 日，新华网，http://www.bj.xinhuanet.com/2023-01/01/c_1129248624.htm，最后浏览日期：2023 年 2 月 21 日。

斯科普动画片《螺丝钉》(*Fiksik*)。它讲述了在一所普通的人类公寓中生活着另外一个物种——螺丝钉家族,每当主人公吉姆小朋友遇到一些常见的技术问题,螺丝钉家族就会帮助吉姆处理这些难题,并讲解各种电器、生活设施的科学原理,如“为什么闹钟可以自动打鸣”“DVD 刻录机是如何记录影像的”“什么是虹吸结构”等,既能满足孩子看动画片的需要,又进行了有效的科普。

最后,应推动地方科技馆的建立。截至 2022 年 12 月 31 日,中华人民共和国中央人民政府网的行政区划统计表显示,我国有 333 个地级行政区划单位,2 843 个县级区划单位。[①] 我国科学技术部发布的 2022 年度全国科普统计数据显示,以政府投入为主导的全国科普经费稳中有升,2022 年全国共筹集科普工作经费 191.00 亿元,比 2021 年增长了 1.02%。同时,科普场馆等基础设施建设进一步夯实。2022 年,全国共有科技馆和科学技术类博物馆 1 683 个。这也就意味着,1 个地级行政区划单位约有 5 个科技馆或科技类博物馆,2 个县级区划单位才有 1 个科技馆或科技类博物馆,而如果考虑地区差异因素,这种不足将更加明显。[②]

二、鼓励科学共同体参与科普

环境污染的原因、环境污染物的组成结构、减排方式的确定都是非常专业的科学问题,相关的科普工作有一定的门槛。这时,就需要

---

① 《中华人民共和国行政区划统计表(截至二〇二二年十二月三十一日)》,中国政府网,http://xzqh.mca.gov.cn/statistics/2022.html,最后浏览日期:2023 年 2 月 21 日。

② 《2022 年全国科普经费达 191 亿元》,2024 年 1 月 11 日,光明网百家号,https://baijiahao.baidu.com/s?id=1787753823655592013&wfr=spider&for=pc,最后浏览日期:2024 年 2 月 11 日。

专业的科学共同体(科学活动的主体)参与。科学共同体之所以被公众认可,主要是因为其自身拥有一套约定俗成的社会规范系统,即遵守普遍性、公有性、无私利性和怀疑主义四大准则,[①]可以从保护环境或公众健康的角度出发,呼吁保护公共利益。

不过,需要注意的是,当前一些重要的科学家通常会在某些政府部门担任职务,而政治化的科学传播[②]是把双刃剑。在美国和欧洲,气候变化的议题常常被政治主导。比如,特朗普任美国总统时常常否认气候变化的大趋势,在相关问题上体现出一种消极立场,导致美国国内的气候政策出现大幅倒退。[③] 鉴于美国是全球第二大碳排放国,其失衡、低效的国内气候政策具有明显的外溢效应,不仅对美国自身,而且对其参与的双多边气候合作及全球气候治理都产生了十分消极的影响。[④] 对于一些美国科学家而言,美国的消极政策无形中大大削弱了其声誉,继而导致民众的不信任感增强。

因此,科学共同体要处理好科学与政治的关系。科学与政治的关系虽微妙,但二者之间的边界是清晰的。科学的本质应该是服务全人类,解决和探索对人类有重大影响的难题。从这个角度上讲,让科学完全脱离政治是不现实的,但在一些涉及公共领域的问题上,应该使科学与政治保持边界感,让科学家解决科学领域的问题,让政治家解决政治领域的问题。比如,在全球控温 1.5℃的问题上,

---

① [美]R. K. 默顿:《科学社会学:理论与经验研究》(下册),鲁旭东、林聚任译,商务印书馆2003年版,第365—376页。

② 顾超:《突发公共卫生事件中科学传播政治化的比较研究》,《新闻与传播评论》2021年第3期,第42—50页。

③《外交部发布〈美国损害环境事实清单〉和〈美国损害全球环境治理报告〉》,2020年10月19日,人民网百家号,https://baijiahao.baidu.com/s?id=1680967004865924422&wfr=spider&for=pc,最后浏览日期:2023年6月15日。

④《刘元玲:特朗普执政以来美国国内气候政策评析》,2020年1月6日,搜狐网,https://www.sohu.com/a/365097954_100116571,最后浏览日期:2023年6月15日。

保证发展中国家的发展权是一个政治问题，而科学家的任务是计算不同的升温幅度会给全球气候造成的影响，并给出相应的治理方案。

具体而言，科学家在科普时可从以下几个方面着手。第一，讲与人们的生活场景有关的故事。国外的一些成功的科普案例表明，有好的科普内容、好的创意和表现形式是不够的，还要用通俗易懂的语言降低公众的认知难度，这样才可能取得好的传播效果。例如，2022年爆发的俄乌冲突会使气候变化变得更加深刻和复杂。对此，英国物理学家斯图尔特·帕金森（Stewart Parkinson）表示，冲突中俄罗斯军队和乌克兰军队的二氧化碳排放量正不断增加，并用普通民众可以理解的方式解释了数据：

> 米格-29战斗机飞行每千米至少排放8 000克二氧化碳，T-72主战坦克的排放量至少为7 000克二氧化碳/千米。
>
> 欧洲一辆新车的平均排放量为108克二氧化碳/千米，因此坦克和战斗机的污染分别约为普通车辆的65倍和75倍。[①]

又如，有科学家将“二氧化碳”和“淀粉”两个词关联起来，听上去虽有一点“科幻”，却一度成为“热搜”词条。据团队负责人蔡韬解释，人工合成淀粉这个项目的初衷就是把淀粉生产的农业化过程变成一个工业化过程。他们的思路不是减排，而是碳汇，研究在排除高浓度

---

① 《战争危害环境！专家称俄乌军队二氧化碳排放量惊人》，2022年5月2日，新华社百家号，https://baijiahao.baidu.com/s?id=1731678354200806145&wfr=spider&for=pc，最后浏览日期：2023年2月16日。

二氧化碳的源头处进行淀粉人工合成。当然,从实验室阶段到产业化还面临很多困难,[①]但这样的故事就将科学与老百姓的兴趣点关联起来,有利于科学知识的传播。

第二,科学家可以尝试讲述科学史中较有趣味的故事。有学者提出将科学史融入科普教育,[②]因为科学史不同于严肃、晦涩的科学研究过程,从时间维度上讲述科学家和科学知识,便于让外行人了解科学。科学是对未知领域的研究,虽然过程充满不确定性,甚至科学家针对某个问题会产生争议,但从科学史的角度看待科技成果就会发现,从整体上讲,科技一直在朝真理进发,有助于增加人们对科技成果的敬畏之心。

第三,科学家可以着重讲述与人们日常生活紧密相关的故事,解决人们的一些生活难题,或提供一些生活技巧、常识。例如,贺克斌院士在媒体采访中将大气污染治理与"双碳"战略进行了关联性的科学解释,认为"双碳"战略能够从系统上为空气污染治理提供方向。中国工程院院士杜祥琬就以生动的"老房子"和"新房子"的比喻,阐释了中国能源转型和能源安全并行不悖的关系:"我们先立后破,也就是'新房子'没有盖好不要动'老房子',能源转型是做加法,越转型越安全。而且可再生能源资源是我们可以自己掌控的,不依赖国际地缘政治的变幻,所以多一点可再生能源资源,有利于能源体系的独立性和安全性。"杜院士还解释了实现碳中和目标与现有技术的关系,认为现有技术还远远不够,"因为中国碳排放基数比较大,碳达峰

---

① 《中科院格致论道讲坛聚焦"双碳" 七位科学家开讲"碳"索之路》,2022年6月23日,光明网,https://m.gmw.cn/baijia/2022-06/23/35831586.html,最后浏览日期:2022年11月1日。

② 张必胜、许亚亚:《科学史融入科普教育的现实审视和路径探索》,《自然辩证法研究》2023年第1期,第138—144页。

和碳中和时间又比较短，我们必须以关键技术的重大突破支持高质量的可持续发展下的碳中和”。[①] 这些科学阐释有助于民众简洁明了地知晓多重交叉的复杂科学问题，宏观把握当前的政策、产业和技术发展现状。

三、拓展新媒体科普渠道

新媒体特别是社会化媒体和移动新媒体的普及为民众直接了解和参与科学性公共话题提供了条件。新媒体平台上的科普要注意如下三点。

一是要运用多元化新媒体手段将科学知识讲得通俗易懂。微信、微博、短视频平台的信息覆盖范围较大，易形成影响力。中国科学院院士杨玉良认为，要求项目申报人做科普的时机已经成熟，很多“沉默寡言”的科学家在谈到自己科研领域或研究成果时都是非常活跃和健谈的。但是，科学传播与科学不同，科学传播需要更多地借助新媒体手段，如视频、动画等形式进行艺术表达，这也对科学家提出了更高的要求。因此，科学家可以和科技媒体记者、专业作家等一起讲好科学故事。[②] 有一个著名的例子，霍金写《时间简史》的主要原因是“向人们解释，在理解宇宙方面我们已经走了多远，我们也许已经非常接近找到描述宇宙中万物的完整理论”。为了让更多的人了解霍金的理念，背后的文字编辑等团队发挥了至关重要的作用。当时，

① 《大咖论碳丨杜祥琬院士：实现双碳是系统工程，既要防一刀切也要防转型不力》，2023年6月12日，澎湃新闻，http://news.sohu.com/a/684746204_260616，最后浏览日期：2023年11月23日。

② 赵广立：《杨玉良院士：要求项目申报人做科普“时机已成熟”》，2023年5月22日，科学网，https://news.sciencenet.cn/sbhtmlnews/2023/5/374551.shtm，最后浏览日期：2023年5月23日。

剑桥大学出版社的编辑米顿在浏览完霍金的初稿后认为太过专业，并说了一句非常有名的话："你要这样想：每一个方程式都会使书的销量减少一半。"美国的矮脚鸡图书公司的高级编辑古扎蒂为了使此书尽量通俗化，付出了艰辛的劳动。面对一些专业性的内容，他会说："很抱歉，霍金教授，这儿我不懂。"虽然霍金有时十分气愤，但古扎蒂从不气馁，一直坚持到霍金写的内容他都能看懂才罢休。[①] 这本首版于 1988 年的科普书已经被翻译成 40 多种文字，畅销全球，通俗易懂的文字使读者初步了解了狭义相对论和时间、宇宙的起源等宇宙学的奥妙。

二是可以借助社会热点事件展开大科普。新媒体对热点事件有天生的偏爱，媒体在报道的过程中应注意提升科学素养，谨慎用词，防止造成更大的损害。在 2011 年"7・23"甬温线特大铁路交通事故发生时，国内媒体的关注点是高铁的安全问题，加深了公众对高铁技术安全性的不信任，并成为外媒引用的信源。相反，如果国内媒体能够深入挖掘，表明中国高铁技术将进一步确保运行时的安全性，就能起到一定的科普作用，还能实现对中国高铁技术的宣传。与此同时，要谨防新媒体上的假科普、伪科普或打着科普的幌子进行商业营销的行为。在 2022 年全球能源危机下，欧洲的多个国家调整了既定的能源政策，重启煤电，这为全球碳中和进程带来更大的不确定性。这个新闻吸引了众多人的目光，成为一个热点事件，引发了持续性关注。在这个过程中，政务公众号、科技类媒体、环保组织等都可以利用这一契机科普与碳达峰、碳中和有关的知识。

三是由于新媒体平台上的热点话题具有高互动性和强参与性，

① 卞毓麟：《巨匠利器：卞毓麟天文选说》，科学普及出版社 2015 年版，第 23 页。

这就使得舆论场具有一定的复杂性，因此要在众说纷纭的网络空间中发挥凝聚社会共识的作用。中国人民大学新闻学院的黄河教授认为，环境议题传播过程中存在多元主体和多元话语，将多元话语转变为社会共识需要传播者引领对话议题，变无序为有序。

四、尝试精准、分层科普

随着多媒体技术的进步，微博、微信平台和各类 App 鼓励人们参与信息的互动、共享，并根据兴趣爱好形成科普社群，这些特性弥补了传统科普传播的不足，使精准、分层科普成为可能。科学松鼠会、果壳网等都是网络科普类组织。果壳网的传播主体综合了大量的专业类社会资源，包括 80 多位科学顾问、1 500 多名科普作者和 20 多名专业编辑，还集合了具有专长的科普杂志的作者、编辑、科技新闻记者等。[①] 从效果来看，用户通过评论、提问等方式促使更多的科学信息产生，既保证了传播内容的专业性，也打破了科技权威难懂的刻板印象。

此外，专家学者也要投身于科普宣传工作，创新宣传方式，针对不同受众的需求进行分层传播，通过具体的故事和案例推动科普落地，过程中要精准地直击痛点、难点。中小学教育是科普的重要阶段，国家在学校推广环境保护理念和低碳生活技能是非常必要的，这也是国家当前着力推动的一项事业。同时，对成年人也要全方位地开展多种形式的教育和科普，争取公众的全面支持。要在绿色消费的不同领域制作精细、易懂的指南，提高人们在日常生活中实践的便

① 张兰、陈信凌：《社交媒体科学传播成功之道——以果壳网微信公众号为例》，《青年记者》2019 年第 18 期，第 68—69 页。

利性，提高他们的执行效率和执行热情。具体而言，气候传播存在不同层次的目标受众，推动个人低碳消费的行为转变需要填补消费者的认知缺口和行动改变缺口。

第四节　绿色低碳的舆论动员

一、采用国家框架进行舆论动员

作为大众媒介的报纸、电视、杂志、网站等主流媒体，面对绿色低碳这一新的历史转型，承担的责任是多重的。它们既是历史的记录者和见证者，也是当下变局的推动者，对于刺激国家制度体系改革、经济产业转型、人民消费意识和消费行动的转变发挥了重要作用。绿色低碳的舆论动员是一国之大事，各类媒体和自媒体肩负着共同的历史使命。

首先，针对气候治理、低碳生活的议题，媒体可以使用具体正义和紧迫感的双重话语结构进行动员。中国是发展中国家，首先面临着经济发展问题，但中国仍在国家公约框架下坚持减排，并坚持为发展中国家谋取发展权：1992 年，中国加入《联合国气候变化框架公约》；1998 年，中国签署《京都议定书》；2004 年，中国提出“科学发展观”的新型发展理念，回应了国际社会针对中国气候变化问题的舆论压力；2009 年，中国在哥本哈根气候大会上提出“共同但有区别责任原则、公平原则、各自能力原则”，积极促进谈判进程和共识达成。当前，全球气候变暖的趋势依然没有得到有效控制，我国在降碳问题上积极行动：2012 年，十八大报告提出“生态文明建设”战略；2016 年，中国首次引入“绿色金融”议题，为国际气候变化合作提供强有力的推动，每个普通人的积极行动都是对2060年中国达到碳中和国际承诺的贡献。

其次，媒体应批驳西方媒体“中国气候威胁论”的论调，对西方国家的气候变化治理文化和政治意识进行有深度的评论。当前，西方媒体对中国环境问题的批评报道政治意味浓重，甚至上升为人权问题和外交问题，并从道德的角度鼓吹“中国气候威胁论”。2021年，新加坡举行了一场有关中国的论坛，新加坡资深外交家、新加坡常驻联合国前代表马凯硕（Kishore Mahbubani）在接受美国记者陷阱式提问时的一条视频火了。他的论证有理有据，令人印象深刻：

> **美国记者：** 中国的成功似乎要建立在……环境破坏……之上，您对此作何解释？
>
> **马凯硕：** 美国可不止一次或两次退出国际气候问题协议，小布什退出了《京都协定书》整整8年，特朗普政府退出了《巴黎协定》4年。你知道吗，今天我们之所以面临气候变化的种种问题，不是因为中国、印度等新兴国家排放的温室气体，而是因为西方国家自工业革命以来几个世纪里向大气层排放的污染。去查查数据吧，以总量计算，历史上最大的碳排放国家或地区，美国排第一，欧洲排第二，第三名才是中国，对吗？西方还要求中国为新近的碳排放付出经济代价，但它们却不愿为自己在历史上造成的严重污染买单。你们宁愿剥夺印度人用电的权利，而美国只需要，顺带一提，美国只需要给每加仑汽油加征一美元环保税，这就足以拯救世界了。减少汽油消耗，加大对环保技术的投资，办法就这么简单。相比之下，世界上最大的植树造林计划正是中国实施的，中国新增的森林面积已经相当于一个比利

> 时，甚至更大，所以你描述的种种都完美契合了盎格鲁-撒克逊媒体对中国下意识的歪曲与偏见，这违反了启蒙运动的信条，即保持理性、客观与冷静。在了解你的对手时尤为如此。如果中国真的像你们描述的那样愚昧无能，那何来“中国威胁”一说？①

最后，针对国内环境，媒体应关注节能环保产业发展进程中遇到的问题，通过舆论监督促进循环经济产业的规范运营。举例而言，目前动力电池回收行业鱼龙混杂，且电池拆解回收技术难度较大，回收体系不完善，回收率较低。② 针对此，2022 年 9 月，工信部推动全国建立 10 235 个动力电池回收服务网点，强化对动力电池全生命周期溯源监测，探索多元回收利用模式，根据工信部《“十四五”工业绿色发展规划》，“十四五”期间要加快制定新能源汽车动力蓄电池回收管理办法。媒体应对政策发布加大报道力度，让人们了解相关问题的处理方式和解决方案。

二、在舆论话语构建中突出个体责任

主流媒体在报道和评论中应该突出绿色低碳与每个中国人的日常生活息息相关，而且绿色低碳生活方式的成功转变是国家绿色转型的关键。报刊、电视等传统媒体的宣传具有权威性，其他门户网

① 《这段视频火了！西方记者“污蔑式”提问，新加坡学者的回击太精彩》，2022 年 11 月 11 日，中国日报，https://www.163.com/dy/article/HLT7PPH60530SFP3.html，最后浏览日期：2022 年 11 月 15 日。

② 《2022 碳酸锂价格“狂飙”动力电池回收成“香饽饽”龙头企业纷纷入局》，2023 年 2 月 16 日，新浪财经，https://finance.sina.com.cn/stock/relnews/cn/2023-02-16/doc-imyfwptr2149416.shtml，最后浏览日期：2023 年 2 月 22 日。

站、自媒体发布的信息则成为重要信源，在更广泛的传播环境中强化绿色生态意识成为必然。1979 年颁布的《中华人民共和国环境保护法》(试行)规定了“谁污染，谁治理”的原则，1989 年将其修改为“污染者治理”的原则，1996 年再次修改为“污染者付费”的原则(也称“污染者负担”)。虽然在法律上对污染主体有了越来越精细的要求，但主要针对的对象仍然是企事业单位和其他生产经营者，对一般公民的要求多为“自觉”。

事实上，排污收费、限期治理等制度可以逐渐调整到生活场景当中，发达国家的公民在垃圾处理或物品循环利用方面已经落实了排污收费、不合标准不收取的原则。“污染者付费”原则最早由经济合作与发展组织第一次正式提出，并很快成为各国制定环境法的一项基本原则，即污染者应当承担由政府决定的污染防治费用。① 日常生活场景中的污染物排放主体较为明确，收费的主要目的是增强公众对日常低碳生活方式的重视，使公众养成节约消费的习惯。

媒体在舆论动员中可以利用环保口号，调动个体的积极性，宣传循环型社会。循环型社会提倡“3R”，即减量化(reduce)、再使用(reuse)、再生利用(recycle)。苏州大学的贾鹤鹏团队就中国公众对气候变化的认知进行了调研，发现公众对气候变化的认知程度较高，但对应对气候变化的参与度较低。根据以往的大气污染事件引发的风险舆论场的情况来看，如果能够利用好舆论，在个人对气候变化和环境污染的感知与认知下调动其行为，可以强有力地展开切合实际的民众动员。在绿色生态革命中，个人的行动能力不容小觑，要通过口号宣传强化个体的责任意识。

---

① 杨喆、石磊、马中:《污染者付费原则的再审视及对我国环境税费政策的启示》,《中央财经大学学报》2015 年第 11 期,第 14—20 页。

三、在城市(社区)微信群中进行舆论动员

社区是城市的最小治理单元,也是推动参与式治理的重要场域,城市社区治理对推动国家治理体系和治理能力现代化的重要意义毋庸置疑。具体应采取多主体、多场景的参与模式,所以执行过程中既不能过分依赖政府,也不能过分依赖市场(企业)。参与治理模式的本质是降低政府管理成本,增加分散的社会主体的成本,最终可以实现社会整体利益最大化的协调分配,是一种绿色治理路径。[①]

近年来,为了拓宽社区信息覆盖范围,扩展居民表达的渠道,依托社区网格建立了居民全覆盖的微信群。微信群是居民获取社区信息,表达居民诉求的重要场域,针对某一事件也会形成一定的舆论气候。有研究者对某社区进行了田野调查,发现在社区管理者的引导下,越来越多的社区居民对社区整治活动表达了看法。随后,经过不断的沟通互动,大家能够彼此理解,对社区整治行为逐渐由不理解转变为接受,甚至一部分居民还参与其中。有数据显示,全球约 2/3 的碳排放与私人家庭活动有关。有居民做过小试验,证明用小煤炉烧一壶水的价格比烧燃气的价格还高。对于普通人来说,这种案例的分享可能比官方的报道更有效,更能推动低碳治理。[②]

在社区网格中,相关人员可以针对“关键反对人群”面对面地动员,改变微信群舆论气候。在绿色低碳的具体治理中,难免会遇到反对者,他们往往有较强的权利意识,经常会在微信群中发一些反对意

---

① 李维安、秦岚:《绿色治理:参与、规则与协同机制——日本垃圾分类处置的经验与启示》,《现代日本经济》2020 年第 1 期,第 52—67 页。

② 宋煜萍、施瑶瑶:《基层社会治理中的赋权式动员》,《东南大学学报》(哲学社会科学版)2022 年第 6 期,第 43—50 页。

见。这样的群体意见有时可视为对现有政策的补充，社区工作人员可以通过面对面沟通，了解他们的想法，调动他们参与社区治理，使他们成为社区治理的一股力量，推动社区治理的有序推进。

四、在乡村开展“沉浸式”低碳动员

在中国北方的农村地区，燃烧煤炭、柴火和动物粪便等固体燃料用于日常生活或取暖的现象非常普遍。[①] 但是，使用固体燃料导致的室内空气污染，是中低收入国家引起健康损失和疾病负担的重要危险因素。[②] 2020 年 12 月，北京大学陶澍院士的团队在《科学》(*Science*)子刊《科学进步》(*Science Advances*)上发表的题为“Residential Solid Fuel Emissions Contribute Significantly to Air Pollution and Associated Health Impacts in China”(《中国居民固体燃料排放对大气污染及人体健康的显著影响》)的研究论文引发了广泛关注。令人意外的是，论文刊发后，网上对其科研价值和研究意义的质疑声却愈演愈烈。“目前，中国的农村，尤其是西北、西南、东北，仍在大量使用生物质燃料来做饭和取暖，也包括华北地区的煤燃烧。根据第二次全国污染源普查的农村能源调查数据，做饭、取暖的 $PM_{2.5}$ 排放量占总排放的 1/3，这一方面会影响室外空气质量，另一方面也直接影响室内空气质量。”陶澍呼吁，各方面应加强宣传，让农村居民意识到室内空气污染问题是非常严重的污染问题，与人体的

---

① J. J. Zhang, K. R. Smith, “Household Air Pollution from Coal and Biomass Fuels in China: Measurements, Health Impacts, and Interventions,” *Environmental Health Perspectives*, 2007, 115(6), pp. 848 – 855.

② S. B. Gordon, N. G. Bruce, J. Grigg, et al, “Respiratory Risks from Household Air Pollution in Low and Middle Income Countries,” *The Lancet Respiratory Medicine*, 2014, 2(10), pp. 823 – 860.

健康息息相关，要让农村老百姓加强自我保护意识，借助宣传促使他们积极地采取清洁的取暖和做饭方式。

动员农民是中国共产党领导乡村工作和重塑乡村社会的一个重要抓手，但农村的绿色低碳动员面临着诸多实际困难，切实关系到老百姓的钱袋子问题。如果没有相应的政策和产业扶持，只一味改变农民固体燃料生活能源使用习惯的动员效果并不理想。到目前为止，我国为了振兴乡村，在有条件的农村地区推广使用燃气做饭和取暖，并在一些农村家庭免费安装燃气热水器，鼓励老百姓改善能源消费结构。但是，燃气热水器的取暖成本较高，费用问题就成为阻碍，所以大部分农村还是实行秸秆、煤、电、燃气相结合的能源消费模式。当前，农村的光伏铺设形成了一定的规模，但发电转化效率低，只能支持近距离的输电，而要将电力输送到城市，则需要花费更高的成本进行更高标准的远距离输电通道建设。[①] 如果能将“太阳能+”和“生物能+”与农村能源供给结合，合理解决用电问题也是一条出路。

在农村地区的低碳动员方面，首先，媒体要提供“亲环境行为”的信息和榜样，大众传媒的宣传报道能提高村民对于气候变暖的认知。根据笔者在中国知网上的检索，目前尚没有对中国农民对碳达峰和碳中和认知的相关研究，从 2010 年以来对城乡居民气候变化认知的相关研究较多。碳达峰与碳中和能够助力乡村振兴，其内在的逻辑与实现路径需要主流媒体利用各种渠道广泛传播。不过，从前文分析的《人民日报》关于碳达峰和碳中和的报道来说，媒体对乡村的关注还远远不够。

其次，有关部门可以奖励节约能源的家庭，有研究证明这是一种

---

① 张宇轩：《农村光伏发电能否助力“解局”电力紧缺：表面火热，内遭瓶颈》，《中国经济周刊》2022 年第 22 期，第 47—49 页。

在短时间内起效的激励措施。[①] 媒体的长期报道会对人们的认知产生影响，如果奖励可以促进村民做出环保行为，那么长期推进乡村能源结构调整则需要完善长期激励机制。有研究者以雄安新区为例，讨论了人们在日常生活中的碳普惠制。[②] 号召公众低碳生活的目的是减少碳排放，将碳排放的交易权扩展应用到生活领域，如推出碳币、碳积分等金融产品，并在特定场合进行奖励性兑换或抵兑，可以更有效地推广激励。[③]

最后，要充分发挥农村地区党员干部和"新乡贤"的引领作用。随着新时代乡村振兴的全面推进，党组织迫切需要深入农民群众，将农民动员并组织起来，共同参与乡村振兴建设。加大对党员干部和"新乡贤"的绿色低碳普及，一方面鼓励他们积极参与农村的再生能源建设体系，另一方面利用他们在农村的影响力引领产业创新，给更多的人提供可借鉴的环保思路。

第五节　案例分析：农村光伏发电项目的推广

乡村的绿色低碳技术的普及与国家扶贫战略有关，光伏扶贫是深入贯彻习近平总书记扶贫开发重要战略思想，是扎实推进精准扶贫精准脱贫工作的重要有效工具。作为国务院扶贫办（2021 年改为国家乡村振兴局）于 2015 年实施的"十大精准扶贫工程"之一，光伏

① 邱泽奇、黄诗曼：《熟人社会、外部市场和乡村电商创业的模仿与创新》，《社会学研究》2021 年第 4 期，第 133—158 + 228—229 页。

② 碳普惠制是一种创新性自愿减排机制，指将企业与公众的减排行为进行量化、记录，并通过交易变现、政策支持、商场奖励等消纳渠道实现其价值。

③ 李艳丽、陈伟航：《基于碳普惠制的生活低碳管理研究——以雄安新区为例》，《环境保护与循环经济》2022 年第 1 期，第 102—106 页。

扶贫充分利用了贫困地区太阳能资源丰富的优势，实现了新能源利用与节能减排相结合。

为了深入了解个体层面的实际情况，笔者对山东省烟台市的两个村庄的光伏铺设情况进行了调查。其中，K 村是当时的省级贫困村，村子东、西、北三个方向被大山包围，树木稀少，较为适合铺设光伏。2016 年，当地镇政府引进了太阳能光伏发电企业。在该项目的带领下，许多村民在自家房顶铺设了光伏。随后，K 村在脱贫过程中得到了国家扶持，安装了约 400 块光伏太阳板，一年预计产电费用三万多元。M 村与 K 村的情况不同，村里基本没有铺设光伏，笔者对这两个村庄的情况进行了比较分析，并得出了以下结论。

首先，附加政治信任的市场推广更为有效。在碳达峰、碳中和的中国探索历程中，政府参与是必要条件。虽然政府主张以市场为主要力量进行新能源技术推广，但调查发现，公众对市场推广的光伏技术信任不足，如果当地政府参与建设、推广或组织相关的培训，可以极大地增强推广的可信度：

> 我们为什么信任呢，是因为我们身后这个山是个荒山。当时镇政府牵头铺设了光伏，镇里出钱安装，利用这座荒山，村民用电经济实惠，村里还可以有一部分发电利润。(K 村，老村委书记)

但是，起初只有一部分乡村接受了光伏发电技术。一个突出的现象是某个村子光伏铺设的范围特别大，但其周围的村庄不会模仿，而且对新技术的看法截然不同。比如，K 村村民以务农为主，大部分人的家庭收入不高，但一些村民有闲置地或房顶用于铺设光伏。值得一提的是，K 村有人曾在电力公司工作。在国家推广光伏产业以后，为响应号召，他便开了一家以此为主营业务的公司，并与村里感兴趣、有条件的村民达成合作，租用村民的闲置地铺设光伏。他表示：

我安装光伏板主要是因为我们村有个人的亲戚以前在电力公司，现在开民营企业。大家都是熟人，我也不负责出钱，就提供20间房大的地儿，其他的所有事情我都不用管，一年就能给我五六千块钱。（K村村民）

面对相似的情况，M村的负责人表示，村民对光伏铺设表现出了一定的不信任：

我们村好多人觉得市场推广的这些技术不一定可靠，如果是好的，是政府想推动的，为什么政府不进村宣传推广呢？（M村村民）

光伏项目在当前面临的问题是，村庄中只有零星的农户铺设了光伏，没有形成集体效应：

大家普遍认为铺设光伏对屋顶不好，冬天会显得家里格外阴冷。另外，七八年才能收回成本，周期太长，有一定的风险，有这些钱不如存银行里。（M村村民）

还有村民认为，自己村里的村委书记对光伏项目都没有表示出积极性，说明这个项目还有待观察。可见，政府对光伏项目的落地推广、相关领域从业人员的实际推动和党员的示范作用对村民的影响至关重要。

其次，实际的经济效益吸引了村民参与。有村民如实地说：

> 我们比第一批铺设的晚了一年吧，第二批铺设的人比较多，规模也大一些，我在安装的基础上后来还扩大了规模。我主要是看乡镇上和村里人的铺设情况，大家都觉得如果没有其他更合适的投资，这个项目的回报率也还不错。（第二批铺设光伏的K村村民）
>
> 我们第二批铺设光伏时，住得近的人都商量了一下，觉得大家手头有点现钱，就都投进去了，应该不会赔。目前也铺了两三年了，问题不大。最早没家庭铺设的时候，我们是没有勇气先铺的，但后来看见我们村委会的人铺了，我们就觉得国家推广的应该没什么问题。（K村村民，第二批铺设光伏的人员）

最后，个人认知和心理意识也会影响个人的选择。个体心理意识是村民是否采取新技术的心理归因，它通过影响人的心理偏好而影响行为的发生。笔者在与K村村支书的访谈中发现了这一点，他个人的认知偏向于将光伏铺设作为一种经济行为，没有将光伏技术的普及与绿色低碳的国家大政方针联系起来，也没有与乡村振兴的能源结构调整结合起来。在访谈中，他从村庄治理的角度出发，认为光伏的铺设可能会引发邻里的矛盾，为村庄治理增加难度：

> 我个人不赞成这个光伏项目。铺上屋顶还好一些，一般不容易挡住邻居家的光，有些铺在平房上的很容易引发

邻里矛盾,而且这个黑乎乎的东西放在房顶上,我觉得和美丽乡村的这个村貌不太符合。我觉得这个钱放在银行也可以,我是不打算铺设光伏。现在镇上基本把村里个人铺设光伏的事情停了,因为个人要铺设发电,必须并入村里的变压器,变压器能接受多少电量必须经村里同意,不同意不能铺。(K 村村支书)

光伏项目在农村地区的推广实际上与我国改善能源结构、普及绿色低碳的观念密切相关,所以在推广具体项目之前,应当充分使当地居民了解国家的大政方针和绿色低碳的深刻内涵,提高认知,为国家持续的绿色发展作出贡献。

结　语

本书研究并验证了互联网空间中存在公众舆论理性，并选择关键主体，讨论其参与风险决策和舆论动员的可行性。当前，舆论场中的大众主流媒体和意见领袖具有可观的网络影响力，通过节点互联实现了信息和观点的传播，甚至影响了个体的实际行动。总结而言，绿色低碳时代的大气污染治理工作要注意以下几个方面。

第一，重视公众的参与尤其是网络参与。目前公众参与政策制定的制度设计和实践操作主要是通过以下方式来进行的：法律法规或规章的制定主体对重要的草案进行公布并广泛征求意见；通过座谈会、论证会、听证会等形式吸纳公众参与讨论；政府部门在起草行政法规或规章前，通过各种形式听取有关公民、组织的意见；法律法规或规章起草完毕后，发送给有关组织或专家征求意见；等等。但是，这些常规的参与渠道存在一些不足，比如所涉主体的广泛性和代表性有限，征集到的意见没有得到充分的讨论。[①] 因此，可以考虑将网络中理性且有代表性、建设性的观点纳入制定政策时的参考范围。

第二，切实提高环境治理中的公众行动力。事实上，一些为了保护环境而采取的强制措施在初期会遇到社会层面的阻力，毕竟要改变一些风俗和生活习惯是很难的，相关部门应当经过调研提出具体可行的环保行为意见。比如，2019 年，生态环境部环境与经济政策

---

① 王怡：《认真对待公众舆论——从公众参与走向立法商谈》，《政法论坛》2019 年第 6 期，第 75—86 页。

研究中心组织开展了有关公民生态环境行为的问卷调查。调查显示，公众在日常生活中能较好地保持一些勤俭节约的行为，在外出就餐适度点餐或餐后打包、节约用电等方面做得不错，但在选购绿色产品及耐用品、不买一次性用品及过度包装产品，购物时自带购物袋代替塑料袋和改造利用、交流捐赠或买卖闲置物品等方面仍有待改善。据此，相关部门可以进一步对绿色消费行为和低碳生活方式展开宣传。

第三，减污降碳事关我国的生态文明建设，需要整合性的动员思维和动员体系。大气治理、碳达峰、碳中和与产业转型有关，如能源行业、建筑行业、交通行业、金融行业等。在新的治理环境下，政府必须从政策、标准等顶层设计环节出发，制定适应新环境的法律法规和标准，解决减污降碳行动中出现的问题，从而持续推动减污降碳的发展。

绿色低碳时代的大气治理工作是长期的，伴随它的舆论也将是持续的，只有把握舆论中的关键节点，听取舆论中的理性声音，才能真正地动员组织和个体积极参与，推动我国的生态文明建设，更快地实现“双碳”目标。

/ 附录 1 /

《环境空气质量标准》(GB 3095 - 2012)中的空气质量指数及相关信息

空气质量指数	空气质量指数级别	空气质量指数类别及表示颜色		对健康影响状况	建议采取的措施
0—50	一级	优	绿色	空气质量令人满意,基本无空气污染	各类人群可正常活动
51—100	二级	良	黄色	空气质量可接受,但某些污染物可能对极少数异常敏感人群健康有较弱影响	极少数异常敏感人群应减少户外活动
101—150	三级	轻度污染	橙色	易感人群症状有轻度加剧,健康人群出现刺激症状	儿童、老年人及心脏病、呼吸系统疾病患者应减少长时间、高强度的户外锻炼
151—200	四级	中度污染	红色	进一步加剧易感人群症状,可能对健康人群心脏、呼吸系统有影响	儿童、老年人及心脏病、呼吸系统疾病患者避免长时间、高强度的户外锻炼,一般人群适量减少户外运动

（续表）

空气质量指数	空气质量指数级别	空气质量指数类别及表示颜色		对健康影响状况	建议采取的措施
201—300	五级	重度污染	紫色	心脏病和肺病患者症状显著加剧，运动耐受力降低，健康人群普遍出现症状	儿童、老年人和心脏病、肺病患者应停留在室内，停止户外运动，一般人群减少户外运动
＞300	六级	严重污染	褐红色	健康人群运动耐受力降低，有明显强烈症状，提前出现某些疾病	儿童、老年人和病人应当留在室内，避免体力消耗，一般人群应避免户外活动

/ 附录 2 /

结构洞测量：网络约束系数

Highest values			
Rank	Vertex	Value	Id
1	7	1.0000	财经生活网
2	15	1.0000	南都深度
3	63	1.0000	果壳网
4	14	1.0000	财经杂志
5	59	1.0000	上海发布
6	58	1.0000	巴松狼王
7	53	1.0000	白云峰
8	105	1.0000	搜狐视频
9	51	1.0000	程建国
10	24	1.0000	金融家微博
11	95	1.0000	医生哥波子
12	93	1.0000	北京发布
13	90	1.0000	中国环境报
14	89	1.0000	Fengg
15	21	1.0000	财富中文网

(续表)

Rank	Vertex	Value	Id
16	87	1.0000	老徐时评
17	86	1.0000	陆凌涛
18	85	1.0000	宋丹丹
19	83	1.0000	90 号茶室
20	82	1.0000	沈浩波
21	40	1.0000	张泉灵
22	80	1.0000	微天下
23	9	1.0000	南方周末
24	19	1.0000	福布斯中文网
25	74	1.0000	假装在纽约
26	72	1.0000	杨禹
27	71	1.0000	李承鹏
28	70	1.0000	钱皓
29	68	1.0000	王烁
30	67	1.0000	展江
31	18	0.6415	南方人物周刊
32	23	0.5989	望京网
33	17	0.5556	凤凰财经
34	50	0.5000	阎彤
35	94	0.5000	北京市疾病预防控制中心
36	22	0.5000	新周刊
37	84	0.5000	姚晨
38	20	0.5000	D
39	79	0.5000	柏煜

（续表）

Rank	Vertex	Value	Id
40	35	0.5000	老榕
41	69	0.5000	连鹏
42	66	0.5000	郑渊洁
43	65	0.5000	果壳问答
44	97	0.4577	冯永锋
45	37	0.4190	新浪视频
46	56	0.4163	环保北京
47	16	0.4162	经济观察报
48	101	0.4053	一毛不拔大师
49	36	0.4027	丁辰灵
50	88	0.3878	喂妖
51	47	0.3750	敬一丹
52	91	0.3744	生命时报
53	62	0.3595	徐超
54	12	0.3544	和讯网
55	96	0.3518	自然之友
56	78	0.3333	作业本
57	75	0.3333	李鸣生
58	49	0.3333	胡锡进
59	43	0.3333	许文广
60	42	0.3285	袁莉 wsj
61	77	0.3258	网中微言
62	99	0.3155	大钟里的猴子
63	10	0.3133	南方都市报

(续表)

Rank	Vertex	Value	Id
64	64	0.3016	郭霞 SEE
65	41	0.2948	洪晃
66	54	0.2847	涂建军
67	92	0.2846	健康时报
68	32	0.2800	王石
69	104	0.2744	王克勤
70	100	0.2658	绿色和平
71	33	0.2561	李开复
72	55	0.2500	气象北京
73	103	0.2500	济南交警
74	11	0.2491	新京报
75	13	0.2449	创业家杂志
76	5	0.2434	新华视点
77	57	0.2420	北京环境监测
78	4	0.2369	央视财经
79	60	0.2184	董良杰
80	46	0.2115	宋英杰
81	39	0.2058	杨澜
82	34	0.2000	徐小平
83	31	0.1957	张欣
84	25	0.1923	财新网
85	1	0.1912	人民日报
86	98	0.1877	李波 fon
87	2	0.1775	头条新闻

（续表）

Rank	Vertex	Value	Id
88	48	0.1753	邓飞
89	52	0.1709	王冉
90	28	0.1688	B
91	8	0.1667	人民网
92	30	0.1571	许小年
93	38	0.1465	天气预报
94	102	0.1385	刘春
95	3	0.1375	央视新闻
96	29	0.1228	王利芬
97	61	0.1228	马军
98	26	0.0862	C
99	27	0.0811	A
100	6	0.0757	财经网
101	44	0.0000	鲁健
102	45	0.0000	芮成钢
103	81	0.0000	袁裕来律师
104	73	0.0000	凡人肖申克
105	76	0.0000	聚焦微时代
Sum（all values）		51.6207	

/ 附录 3 /

与中国大气污染治理及绿色低碳有关的环境政策文件（2010—2022 年）

时间	数量（份）	政策名称	主要部门
2010	3	大气污染治理工程技术导则（HJ 2000 - 2010）	环境保护部
		上市公司环境信息披露指南（试行）	环境保护部
		非道路移动机械用小型点燃式发动机排气污染物排放限值与测量方法（中国第一、二阶段）（GB 26133 - 2010）	环境保护部
2011	5	摩托车和轻便摩托车排气污染物排放限值及测量方法（双怠速法）（GB 14621 - 2011）	环境保护部
		平板玻璃工业大气污染物排放标准（GB 26453 - 2011，已废止）	环境保护部
		火电厂大气污染物排放标准（GB 13223 - 2011）	环境保护部
		车用汽油有害物质控制标准（第四、五阶段）（GWKB 1. 1 - 2011）	环境保护部
		车用柴油有害物质控制标准（第四、五阶段）（GWKB 1. 2 - 2011）	环境保护部

（续表）

时间	数量（份）	政策名称	主要部门
2012	9	重点区域大气污染防治“十二五”规划（2012）	环境保护部、国家发展和改革委员会、财政部
		中华人民共和国清洁生产促进法	全国人民代表大会常务委员会
		轧钢工业大气污染物排放标准（GB 28665 - 2012）	环境保护部
		炼钢工业大气污染物排放标准（GB 28664 - 2012）	环境保护部
		炼铁工业大气污染物排放标准（GB 28663 - 2012）	环境保护部
		钢铁烧结、球团工业大气污染物排放标准（GB 28662 - 2012）	环境保护部
		中国共产党第十八次全国代表大会报告（大力推进生态文明建设）	中国共产党第十七届中央委员会
		关于实施国家第五阶段气体燃料点燃式发动机与汽车排放标准的公告	环境保护部
		环境空气质量标准	环境保护部
2013	14	关于执行大气污染物特别排放限值的公告	环境保护部
		轻型汽车污染物排放限值及测量方法（中国第五阶段）（GB 18352. 5 - 2013，已废止）	环境保护部
		电池工业污染物排放标准（GB 30484 - 2013）	环境保护部
		水泥工业大气污染物排放标准（GB 4915 - 2013）	环境保护部

（续表）

时间	数量（份）	政策名称	主要部门
		砖瓦工业大气污染物排放标准（GB 29620－2013）	环境保护部
		电子玻璃工业大气污染物排放标准（GB 29495－2013）	生态环境部
		国家环境保护标准“十二五”发展规划	环境保护部
		大气污染防治行动计划	国务院
		环境空气细颗粒物污染综合防治技术政策	环境保护部
		京津冀及周边地区落实大气污染防治行动计划实施细则	环境保护部、国家发展和改革委员会、工业和信息化部、财政部、住房和城乡建设部、国家能源局
		关于加强重污染天气应急管理工作的指导意见	环境保护部
		中国共产党第十八届中央委员会第三次全体会议公报	中国共产党第十八届中央委员会
		畜禽规模养殖污染防治条例	国务院
		第五阶段车用汽油国家标准	国家标准化管理委员会
2014	12	中华人民共和国环境保护法	全国人民代表大会常务委员会
		大气污染防治目标责任书	环境保护部
		国家突发环境事件应急预案	国务院办公厅
		2014—2015年节能减排低碳发展行动方案的通知	国务院办公厅

（续表）

时间	数量（份）	政策名称	主要部门
		锅炉大气污染物排放标准（GB 13271－2014）	环境保护部
		锡、锑、汞工业污染物排放标准（GB 30770－2014）	环境保护部
		城市车辆用柴油发动机排气污染物排放限值及测量方法（WHTC 工况法）（HJ 689－2014）	环境保护部
		非道路移动机械用柴油机排气污染物排放限值及测量方法（中国第三、四阶段）（GB20891－2014）	环境保护部
		空气质量新标准第三阶段监测实施方案	环境保护部
		大气污染防治行动计划实施情况考核办法（试行）实施细则	环境保护部、发展改革委、工业和信息化部、财政部、住房城乡建设部、能源局
		国家应对气候变化规划（2014—2020 年）	国家发展改革委
		中共中央关于全面推进依法治国若干重大问题的决定	中国共产党第十八届中央委员会
2015	11	中国共产党第十八届中央委员会第五次全体会议公报	中国共产党第十八届中央委员会
		石油炼制工业污染物排放标准（GB 31570－2015）	环境保护部
		火葬场大气污染物排放标准（GB 13801－2015）	环境保护部

（续表）

时间	数量（份）	政策名称	主要部门
		再生铜、铝、铅、锌工业污染物排放标准（GB 31574－2015）	环境保护部
		合成树脂工业污染物排放标准（GB 31572－2015）	环境保护部
		无机化学工业污染物排放标准（GB 31573－2015）	环境保护部
		石油化学工业污染物排放标准（GB 31571－2015）	环境保护部
		党政领导干部生态环境损害责任追究办法（试行）	中共中央办公厅、国务院办公厅
		开展领导干部自然资源资产离任审计试点方案	中共中央办公厅、国务院办公厅
		生态环境监测网络建设方案	国务院办公厅
		关于做好 2016 年春节期间烟花爆竹禁限放工作的函	环境保护部
2016	11	烟花爆竹安全管理条例	国务院
		烧碱、聚氯乙烯工业污染物排放标准（GB 15581－2016）	环境保护部
		关于做好重污染天气应急预案修订工作的函	环境保护部
		“十三五”生态环境保护规划	国务院
		轻型混合动力电动汽车污染物排放控制要求及测量方法（GB 19755－2016）	环境保护部
		轻型汽车污染物排放限值及测量方法（中国第六阶段）（GB 18352.6－2016）	环境保护部

（续表）

时间	数量（份）	政策名称	主要部门
		轻便摩托车污染物排放限值及测量方法（中国第四阶段）（GB 18176－2016）	环境保护部
		船舶发动机排气污染物排放限值及测量方法（中国第一、二阶段）（GB 15097－2016）	环境保护部
		摩托车污染物排放限值及测量方法（中国第四阶段）（GB 14622－2016）	环境保护部
		"十三五"控制温室气体排放工作方案	国务院
		生态文明建设目标评价考核办法	中共中央办公厅、国务院办公厅
2017	6	公共机构节能条例	国务院
		中华人民共和国海洋环境保护法	全国人民代表大会常务委员会
		重型柴油车、气体燃料车排气污染物车载测量方法及技术要求（HJ 857－2017）	环境保护部
		在用柴油车排气污染物测量方法及技术要求（遥感检测法）（HJ 845－2017）	环境保护部
		国家环境保护"十三五"环境与健康工作规划	环境保护部
		国家环境保护标准"十三五"发展规划	环境保护部
2018	15	消耗臭氧层物质管理条例	国务院
		关于《大气污染防治行动计划》实施情况终期考核结果的通报	生态环境部
		汽油车污染物排放限值及测量方法（双怠速法及简易工况法）（GB 18285－2018）	生态环境部

（续表）

时间	数量（份）	政策名称	主要部门
		非道路柴油移动机械排气烟度限值及测量方法(GB 36886－2018)	环境保护部
		柴油车污染物排放限值及测量方法(自由加速法及加载减速法)(GB 3847－2018)	环境保护部
		重型柴油车污染物排放限值及测量方法(中国第六阶段)(GB 17691－2018)	环境保护部
		打赢蓝天保卫战三年行动计划	国务院
		关于全面加强生态环境保护　坚决打好污染防治攻坚战的意见	中共中央、国务院
		中华人民共和国大气污染防治法	全国人民代表大会常务委员会
		中华人民共和国环境保护税法	全国人民代表大会常务委员会
		禁止环保“一刀切”工作意见	生态环境部
		公民生态环境行为规范(试行)	生态环境部、中央文明办、教育部、共青团中央、全国妇联
		柴油货车污染治理攻坚战行动计划	生态环境部、发展改革委、工业和信息化部、公安部、财政部、交通运输部、商务部、市场监管总局、能源局、铁路局、中国铁路总公司
		中华人民共和国节约能源法	全国人民代表大会常务委员会

（续表）

时间	数量（份）	政策名称	主要部门
		中华人民共和国环境影响评价法	全国人民代表大会常务委员会
2019	6	全国污染源普查条例	国务院
		关于印送《关于加强重污染天气应对夯实应急减排措施的指导意见》的函	生态环境部
		涂料、油墨及胶粘剂工业大气污染物排放标准（GB 37824－2019）	生态环境部、国家市场监督管理总局
		制药工业大气污染物排放标准（GB 37823－2019）	生态环境部、国家市场监督管理总局
		挥发性有机物无组织排放控制标准（GB 37822－2019）	生态环境部、国家市场监督管理总局
		京津冀及周边地区 2019—2020 年秋冬季大气污染综合治理攻坚行动方案	生态环境部、国家发展和改革委员会、工业和信息化部、公安部、财政部、住房和城乡建设部、交通运输部、商务部、国家市场监督管理总局、国家能源局、北京市人民政府、天津市人民政府、河北省人民政府、山西省人民政府、山东省人民政府、河南省人民政府
		省（自治区、直辖市）污染防治攻坚战成效考核措施	中共中央办公厅、国务院办公厅
		加油站大气污染物排放标准（GB 20952－2020）	生态环境部、国家市场监督管理总局

（续表）

时间	数量（份）	政策名称	主要部门
2020	11	储油库大气污染物排放标准(GB 20950－2020)	生态环境部、国家市场监督管理总局
		铸造工业大气污染物排放标准(GB 39726－2020)	生态环境部、国家市场监督管理总局
		农药制造工业大气污染物排放标准(GB 39727－2020)	生态环境部、国家市场监督管理总局
		陆上石油天然气开采工业大气污染物排放标准(GB 39728－2020)	生态环境部、国家市场监督管理总局
		生活垃圾焚烧飞灰污染控制技术规范(试行)(HJ 1134－2020)	生态环境部
		非道路柴油移动机械污染物排放控制技术要求(HJ 1014－2020)	生态环境部
		油品运输大气污染物排放标准(GB 20951－2020)	生态环境部
		甲醇燃料汽车非常规污染物排放测量方法(HJ 1137－2020)	生态环境部
		中华人民共和国固体废物污染环境防治法	全国人民代表大会常务委员会
2021	10	关于完整准确全面贯彻新发展理念做好碳达峰碳中和工作的意见	中共中央、国务院
		工业企业挥发性有机物泄漏检测与修复技术指南(HJ 1230－2021)	生态环境部
		2030 年前碳达峰行动方案	国务院
		排污许可管理条例	国务院
		关于推动城乡建设绿色发展的意见	中共中央办公厅、国务院办公厅

（续表）

时间	数量（份）	政策名称	主要部门
		国家移动源大气污染物排放标准制订技术导则(HJ 1228－2021)	生态环境部
		机动车排放定期检验规范(HJ 1237－2021)	生态环境部
		环境信息依法披露制度改革方案	生态环境部
		企业环境信息依法披露管理办法	生态环境部
		关于深入打好污染防治攻坚战的意见	中共中央、国务院
2022	8	国家适应气候变化战略 2035	生态环境部、国家发展和改革委员会、科学技术部等 17 部门联合印发
		关于推动城乡建设绿色发展的意见	中共中央办公厅、国务院办公厅
		印刷工业大气污染物排放标准(GB 41616－2022)	生态环境部、国家市场监督管理总局
		玻璃工业大气污染物排放标准(GB 26453－2022)	生态环境部、国家市场监督管理总局
		矿物棉工业大气污染物排放标准(GB 41617－2022)	生态环境部、国家市场监督管理总局
		石灰、电石工业大气污染物排放标准(GB 41618－2022)	生态环境部、国家市场监督管理总局
		生态保护红线生态环境监督办法(试行)	生态环境部
		促进绿色消费实施方案	国家发展改革委、工业和信息化部、住房和城乡建设部、商务部、市场监管总局、国管局、中直管理局

主要参考文献

专著

[1] [美]罗伯特·阿格拉诺夫,迈克尔·麦圭尔. 协作性公共管理:地方政府新战略[M]. 李玲玲,鄞益奋,译. 北京:北京大学出版社,2007.

[2] [美]艾尔·巴比. 社会研究方法[M]. 邱泽奇,译. 11 版. 北京:华夏出版社,2018.

[3] [德]乌尔里希·贝克. 风险社会:新的现代性之路[M]. 张文杰,何博闻,译. 南京:译林出版社,2022.

[4] 陈龙. 转型时期的媒介文化议题:现代性视角的反思[M]. 上海:上海三联书店,2019.

[5] [美]斯蒂芬·戈德史密斯,威廉·D. 埃格斯. 网络化治理:公共部门的新形态[M]. 孙迎春,译. 北京:北京大学出版社,2008.

[6] [英]彼得·泰勒·顾柏,詹斯·O. 金. 社会科学中的风险研究[M]. 黄觉,译. 北京:中国劳动社会保障出版社,2010.

[7] 胡百精. 危机传播管理[M]. 3 版. 北京:中国人民大学出版社,2014.

[8] [联邦德国]哈贝马斯. 交往与社会进化[M]. 张博树,译. 重庆:重庆出版社,1989.

[9] [美]塞缪尔·亨廷顿. 第三波——二十世纪后期民主化浪潮[M]. 刘军宁,译. 上海:上海三联书店,1998.

[10] [美]莎莉·霍格斯黑德. 迷恋:如何让你和你的品牌粉丝暴增[M]. 邱璟旻,译. 北京:中华工商联合出版社,2011.

[11] [英]安东尼·吉登斯. 现代性的后果[M]. 田禾,译. 南京:译林出版社,2000.

[12] [美]珍妮·X. 卡斯帕森,罗杰·E. 卡斯帕森. 风险的社会视野(上):公众、风险沟通及风险的社会放大[M]. 童蕴芝,译. 北京:中国劳动社会保障出版社,2010.

[13] [法]柯蕾. 公众参与和社会治理:法国社会学家清华大学演讲文集[M]. 李华,林琳,陶思媛,译. 北京:中国大百科全书出版社,2018.

[14] [美]蕾切尔·卡森. 寂静的春天[M]. 张雪华,黎颖,译. 北京:人民文学出版社,2020.

[15] [美]丹尼尔·A. 科尔曼. 生态政治:建设一个绿色社会[M]. 梅俊杰,译. 上海:上海译文出版社,2006.

[16] [美]W. T. 库姆斯. 危机传播与沟通[M]. 林文益,郑安凤,译. 台北:风云论坛有限公司,2007.

[17] [美]曼纽尔·卡斯特. 传播力[M]. 汤景泰,星辰,译. 新版. 北京:社会科学文献出版社,2018.

[18] [美]曼纽尔·卡斯特. 网络社会的崛起[M]. 夏铸九,王志弘,等译. 北京:社会科学文献出版社,2001.

[19] [美]尼古拉斯·克里斯塔基斯,詹姆斯·富勒. 大连接:社会网络是如何形成的以及对人类现实行为的影响[M]. 经典版. 简学,译. 北京:北京联合出版公司,2017.

[20] [美]埃弗雷特·M. 罗杰斯. 创新的扩散[M]. 辛欣,译. 北京:中央编译出版社,2002.

[21] 刘建明,纪忠慧,王莉丽. 舆论学概论[M]. 北京:中国传媒大学

出版社,2009.

[22] [美]罗纳德·伯特. 结构洞:竞争的社会结构[M]. 任敏,李璐,林虹,译. 上海:格致出版社,上海人民出版社,2008.

[23] [美]詹姆斯·博曼,威廉·雷吉. 协商民主:论理性与政治[M]. 陈家刚,等译. 北京:中央编译出版社,2006.

[24] [英]戴维·米勒,韦农·波格丹诺. 布莱克维尔政治学百科全书[M]. 修订版. 北京:中国政法大学出版社,2002.

[25] [美]希伦·A. 洛厄里,梅尔文·L. 德弗勒. 大众传播效果研究的里程碑[M]. 刘海龙,等译. 3 版. 北京:中国人民大学出版社,2009.

[26] [美]迈克尔·罗斯金,等. 政治科学[M]. 林震,王锋,范贤睿,等译. 6 版. 北京:华夏出版社,2002.

[27] [德]尼克拉斯·卢曼. 信任:一个社会复杂性的简化机制[M]. 瞿铁鹏,李强,译. 上海:上海人民出版社,2005.

[28] 罗家德. 社会网分析讲义[M]. 北京:社会科学文献出版社,2010.

[29] 林聚任. 社会网络分析:理论、方法与应用[M]. 北京:北京师范大学出版社,2009.

[30] [德]尼克拉斯·卢曼. 风险社会学[M]. 孙一洲,译. 南宁:广西人民出版社,2020.

[31] [美]弥尔顿·L. 穆勒. 网络与国家:互联网治理的全球政治学[M]. 周程,鲁锐,夏雪,等译. 上海:上海交通大学出版社,2015.

[32] [美]C. 赖特·米尔斯. 社会学的想象力[M]. 陈强,张永强,译. 北京:生活·读书·新知三联书店,2005.

[33] [荷兰]沃特·德·诺伊,[斯洛文尼亚]安德烈·姆尔瓦,[斯洛

文尼亚]弗拉迪米尔·巴塔盖尔吉. 蜘蛛:社会网络分析技术[M]. 林枫,译. 北京:世界图书出版公司,2012.
[34] [美]珍妮·X. 卡斯帕森,罗杰·E. 卡斯帕森. 风险的社会视野(下):风险分析、合作以及风险全球化[M]. 李楠,何欢,译. 北京:中国劳动社会保障出版社,2010.
[35] 邱林川,陈韬文. 新媒体事件研究[M]. 北京:中国人民大学出版社,2011.
[36] [波兰]彼得·什托姆普卡. 信任:一种社会学理论[M]. 程胜利,译. 北京:中华书局,2005.
[37] [美]乔治·萨顿. 科学史和新人文主义[M]. 陈恒六,刘兵,仲维光,译. 北京:华夏出版社,1989.
[38] 童星. 中国社会治理[M]. 北京:中国人民大学出版社,2018.
[39] [美]埃里克·尤斯拉纳. 信任的道德基础[M]. 张敦敏,译. 北京:中国社会科学出版社,2006.
[40] 乔纳森·H. 特纳. 现代西方社会学理论[M]. 范伟达,主译. 天津:天津人民出版社,1988.
[41] 涂光晋. 公共关系案例[M]. 沈阳:辽宁大学出版社,2004.
[42] [法]加布里埃尔·塔尔德. 模仿律[M]. 何道宽,译. 北京:中信出版集团,2020.
[43] [英]英国皇家学会. 公众理解科学[M]. 唐英英,译. 北京:北京理工大学出版社,2004.
[44] 魏礼群. 社会治理:40 年回顾与展望[M]. 北京:中国言实出版社,2018.
[45] 习近平谈治国理政:第 1 卷[M]. 北京:外文出版社,2014.
[46] 习近平谈治国理政:第 2 卷[M]. 北京:外文出版社,2017.
[47] 俞可平,等. 中国公民社会的兴起与治理的变迁[M]. 北京:社

会科学文献出版社,2002.
[48] 俞可平.治理与善治[M].北京:社会科学文献出版社,2000.
[49] 喻国明,等.新媒体环境下的危机传播及舆论引导研究[M].北京:经济科学出版社,2017.
[50] 喻国明,李彪.社交网络时代的舆情管理[M].南京:江苏人民出版社,2015.
[51] 余秀才.重大突发公共事件中的微博舆论传播与引导[M].北京:社会科学文献出版社,2017.
[52] 岳经纶,邓智平.社会政策与社会治理[M].北京:中央编译出版社,2017.
[53] 张志安.新媒体与舆论:十二个关键问题[M].北京:中国传媒大学出版社,2016.
[54] 张成良.融媒体传播论[M].北京:科学出版社,2019.

论文、报纸文章

[1] 毕克新,杨朝均,黄平.中国绿色工艺创新绩效的地区差异及影响因素研究[J].中国工业经济,2013(10).
[2] 卜万红.论我国基层协商式治理探索的成就与经验——基于民主恳谈会与“四议两公开”工作法的分析[J].河南大学学报(社会科学版),2015(5).
[3] 陈晨,杜宗豪,孙庆华,等.北京二区县2013年1月雾霾事件人群呼吸系统疾病死亡风险回顾性分析[J].环境与健康杂志,2015(12).
[4] 陈龙,李超.网络社会的“新部落”:后亚文化圈层研究[J].传媒观察,2021(6).
[5] 陈曦.环保技术创新、媒体关注与企业环境绩效[J].合作经济

与科技,2023(2).
[6] 陈阳,周子杰.从群众到“情感群众”:主流媒体受众观转型如何影响新闻生产——以人民日报微信公众号为例[J].新闻与写作,2022(7).
[7] 杜杨沁,霍有光,锁志海.政务微博微观社会网络结构实证分析——基于结构洞理论视角[J].情报杂志,2013(5).
[8] 费多益.科技风险的社会接纳[J].自然辩证法研究,2004(10).
[9] 封丽霞.部门联合立法的规范化问题研究[J].政治与法律,2021(3).
[10] 郭小平.“怒江事件”中的风险传播与决策民主[J].国际新闻界,2007(2).
[11] [法]让-彼埃尔·戈丹,陈思.现代的治理,昨天和今天:借重法国政府政策得以明确的几点认识[J].国际社会科学杂志(中文版),1999(1).
[12] 顾超.突发公共卫生事件中科学传播政治化的比较研究[J].新闻与传播评论,2021(3).
[13] 宫继兵,唐杰,杨文军.通用抽取引擎框架:一种新的 Web 信息抽取方法的研究[J].计算机科学,2011(1).
[14] 郭俊华,刘奕玮.我国城市雾霾天气治理的产业结构调整[J].西北大学学报(哲学社会科学版),2014(2).
[15] 郭一,陈玉成.基于经济视角的雾霾天气分析及治理研究[J].环境科学与管理,2015(1).
[16] 黄萍萍.突发环境事件中的风险沟通——以“泉港碳九泄漏事件”报道为例[J].今传媒,2019(3).
[17] 黄丽娜.研究网络亲社会参与:概念、维度与测量——基于突发公共事件中社交媒体用户数据的实证[J].国际新闻界,2022(8).

[18] 胡鞍钢. 中国实现 2030 年前碳达峰目标及主要途径[J]. 北京工业大学学报(社会科学版),2021(3).

[19] 贾广惠. 环境风险传播议题的设置角色变迁[J]. 当代传播,2012(5).

[20] 贾鹤鹏,苗伟山,科学传播、风险传播与健康传播的理论溯源及其对中国传播学研究的启示[J]. 国际新闻界,2017(2).

[21] 李杨,金兼斌. 网络舆论极化与科研人员对科学传播活动的参与[J]. 现代传播(中国传媒大学学报),2019(3).

[22] 林爱珺,吴转转. 风险沟通研究述评[J]. 现代传播(中国传媒大学学报),2011(3).

[23] 刘志明. 使用微博数据进行预测的研究综述[J]. 科技管理研究,2014(13).

[24] 林聚任. 论社会网络分析的结构观[J]. 山东大学学报(哲学社会科学版),2008(5).

[25] 刘志明,刘鲁. 微博网络舆情中的意见领袖识别及分析[J]. 系统工程,2011(6).

[26] 李华,张宇,孙俊华. 基于用户模糊聚类的协同过滤推荐研究[J]. 计算机科学,2012(12).

[27] 廖涛,刘宗田,王先传. 基于事件的文本表示方法研究[J]. 计算机科学,2012(12).

[28] 刘晓红,隗斌贤. 雾霾成因、监管博弈及其机制创新[J]. 中共浙江省委党校学报,2014(3).

[29] 刘岩,赵延东. 转型社会下的多重复合性风险三城市公众风险感知状况的调查分析[J]. 社会,2011(4).

[30] 李彪. 微博意见领袖群体“肖像素描”——以 40 个微博事件中的意见领袖为例[J]. 新闻记者,2012(9).

[31] 李大元,宋杰,陈丽,等.舆论压力能促进企业绿色创新吗?[J].研究与发展管理,2018(6).
[32] 罗理恒,张希栋,曹超.中国环境政策40年历史演进及启示[J].环境保护科学,2022(4).
[33] 刘鹏.科学与价值:新冠肺炎疫情背景下的风险决策机制及其优化[J].治理研究,2020(2).
[34] 龙太江,王邦佐.经济增长与合法性的“政绩困局”——兼论中国政治的合法性基础[J].复旦学报(社会科学版),2005(3).
[35] 李艳霞.何种信任与为何信任?——当代中国公众政治信任现状与来源的实证分析[J].公共管理学报,2014(2).
[36] 刘友宾.生态环境新闻发布:从权威发布、回应关切到价值传播[J].环境保护,2022(Z1).
[37] 李萌,陈康.从社会哲学到现实考察:塔尔德社会模仿视野下舆论的形成与演变[J].新闻界,2022(3).
[38] 李艳红,龙强.新媒体语境下党媒的传播调适与“文化领导权”重建:对《人民日报》微博的研究(2012—2014)[J].传播与社会学刊,2017(1).
[39] 梁鹤年.公众(市民)参与:北美的经验与教训[J].城市规划,1999(5).
[40] 李子豪.公众参与对地方政府环境治理的影响——2003—2013年省际数据的实证分析[J].中国行政管理,2017(8).
[41] 吕志科,鲁珍.公众参与对区域环境治理绩效影响机制的实证研究[J].中国环境管理,2021(3).
[42] 李艳丽,陈伟航.基于碳普惠制的生活低碳管理研究——以雄安新区为例[J].环境保护与循环经济,2022(1).
[43] 李胜.突发环境事件的协同治理:理论逻辑、现实困境与实践路

径[J]. 甘肃社会科学,2022(3).

[44] 李舒,陈菁瑶. 新闻评论与国家形象传播[J]. 新闻大学,2013(4).

[45] 李慧明.《巴黎协定》与全球气候治理体系的转型[J]. 国际展望,2016(2).

[46] 李维安,秦岚. 绿色治理:参与、规则与协同机制——日本垃圾分类处置的经验与启示[J]. 现代日本经济,2020(1).

[47] 马俊峰,崔昕. 注意力经济的内在逻辑及其批判——克劳迪奥·布埃诺《注意力经济》研究[J]. 南开学报(哲学社会科学版),2021(3).

[48] 马凯. 科学的发展观与经济增长方式的根本转变[J]. 求是,2004(8).

[49] 彭兰. 网络的圈子化:关系、文化、技术维度下的类聚与群分[J]. 编辑之友,2019(11).

[50] 彭兰. 从社区到社会网络——一种互联网研究视野与方法的拓展[J]. 国际新闻界,2009(5).

[51] 彭水军,包群. 经济增长与环境污染——环境库兹涅茨曲线假说的中国检验[J]. 财经问题研究,2006(8).

[52] 彭兰. 场景:移动时代媒体的新要素[J]. 新闻记者,2015(3).

[53] 仇玲. 风险沟通的传播互动视角[J]. 前沿,2013(6).

[54] 秦大河,陈振林,罗勇,等. 气候变化科学的最新认知[J]. 气候变化研究进展,2007(2).

[55] 邱泽奇,黄诗曼. 熟人社会、外部市场和乡村电商创业的模仿与创新[J]. 社会学研究,2021(4).

[56] 司景新. 共识的焦虑:中国媒体知识分子对危机与风险的论述[J]. 传播与社会学刊,2011(15).

[57] 史安斌. 情境式危机传播理论与中国本土实践的检视:以四川

大地震为例[J]. 传播与社会学刊,2011(15).
[58] 盛明科,李代明. 生态政绩考评失灵与环保督察——规制地方政府间“共谋”关系的制度改革逻辑[J]. 吉首大学学报(社会科学版),2018(4).
[59] 孙柏瑛. 公民参与形式的类型及其适用性分析[J]. 中国人民大学学报,2005(5).
[60] 石志恒,符越. 技术扩散条件视角下农户绿色生产意愿与行为悖离研究——以无公害农药技术采纳为例[J]. 农林经济管理学报,2022(1).
[61] 苏思樵. 气候变化　全球面临的挑战[J]. 文明,2008(11).
[62] 宋煜萍,施瑶瑶. 基层社会治理中的赋权式动员[J]. 东南大学学报(哲学社会科学版),2022(6).
[63] 唐钧. 风险沟通的管理视角[J]. 中国人民大学学报,2009(5).
[64] 汤景泰,陈秋怡. 意见领袖的跨圈层传播与“回音室效应”——基于深度学习文本分类及社会网络分析的方法[J]. 当代传播,2020(5).
[65] 唐杰,宫继兵,刘柳,等. 基于话题模型的学术社会网络建模及应用[J]. 中国科技论文在线,2011(1).
[66] 唐泳,马永开. 小世界社会网络中的信息传播(英文)[J]. 系统仿真学报,2006(4).
[67] 田浩. 反思性情感:数字新闻用户的情感实践机制研究[J]. 新闻大学,2021(7).
[68] 魏治勋. “善治”视野中的国家治理能力及其现代化[J]. 法学论坛,2014(2).
[69] 王洋,段晓薇. 短视频用户“出圈”表达的特征、功能与治理[J]. 新闻与写作,2020(8).

[70] 王积龙,李湉. 再论《纽约时报》的取向与偏向——基于该报十年《雾霾报道》的内容分析[J]. 现代传播(中国传媒大学学报),2016(12).

[71] 王喆,唐杰,宫继兵,等. 基于权威度的指导者挖掘与个性化推荐方法[J]. 中国科技论文在线,2011(1).

[72] 王君泽,王雅蕾,禹航,等. 微博客意见领袖识别模型研究[J]. 新闻与传播研究,2011(6).

[73] 魏玖长,周磊,周鑫. 公共危机状态下群体抢购行为的演化机理研究—基于日本核危机中我国食盐抢购事件的案例分析[J]. 管理案例研究与评论,2011(6).

[74] 王积龙,张妲萍,李本乾. 微博与报纸议程互设关系的实证研究——以腾格里沙漠污染事件为例[J]. 新闻与传播研究,2022(10).

[75] 王云,李延喜,马壮,等. 媒体关注、环境规制与企业环保投资[J]. 南开管理评论,2017(6).

[76] 王小东. 法律环境、媒体关注与企业环保投资——基于新《环保法》的实验研究[J]. 红河学院学报,2022(6).

[77] 王锡锌,章永乐. 专家、大众与知识的运用——行政规则制定过程的一个分析框架[J]. 中国社会科学,2003(3).

[78] 王建华,王缘. 环境风险感知对民众公领域亲环境行为的影响机制研究[J]. 华中农业大学学报(社会科学版),2022(6).

[79] 王浦劬. 中国协商治理的基本特点[J]. 求是,2013(10).

[80] 王道勇. 社会团结中的集体意识:知识谱系与当代价值[J]. 社会科学,2022(2).

[81] 吴胜涛,潘小佳,王平,等. 正义动机研究的测量偏差问题:关于中国人世道(公正世界信念)的元分析[J]. 中国社会心理学评

论,2016(2).

[82] 魏小换.“沉浸式动员”:乡村振兴中农村党组织动员农民的路径创新——基于两个村庄的案例分析[J]. 探索,2022(6).

[83] 王怡. 认真对待公众舆论——从公众参与走向立法商谈[J]. 政法论坛,2019(6).

[84] 徐明华,李丹妮,王中字.“有别的他者”:西方视野下的东方国家环境形象建构差异——基于 Google News 中印雾霾议题呈现的比较视野[J]. 新闻与传播研究,2020(3).

[85] 谢晓非,李洁,于清源. 怎样会让我们感觉更危险——风险沟通渠道分析[J]. 心理学报,2008(4).

[86] 肖宇,许炜,夏霖. 网络社区中的意见领袖特征分析[J]. 计算机工程与科学,2011(1).

[87] 许志晋,毛宝铭. 风险社会中的科学传播[J]. 科学学研究,2005(4).

[88] 肖显静,屈璐璐. 科技风险媒体报道缺失概析[J]. 科学技术哲学研究,2012(6).

[89] 徐迎春. 媒介环境风险传播与公信力的两个关键问题:谁说话?怎么说?——以沪杭两地都市类日报对日本核风险报道为例[J]. 现代传播(中国传媒大学学报),2011(9).

[90] 许静. 社会化媒体对政府危机传播与风险沟通的机遇与挑战[J]. 南京社会科学,2013(5).

[91] 徐顽强,张红方. 科学普及“嵌入”社会热点事件的模式研究[J]. 科普研究,2012(2).

[92] 喻国明,朱烊枢,张曼琦,等. 网络交往中的弱关系研究:控制模式与路径效能——以陌生人社交 APP 的考察与探究为例[J]. 西南民族大学学报(人文社科版),2019(9).

[93] 尹鹏博,潘伟民,彭成,等. 基于用户特征分析的微博谣言早期检测研究[J]. 情报杂志,2020(7).
[94] 阴卫芝,唐远清. 外媒对北京雾霾报道的负面基调引发的反思[J]. 现代传播(中国传媒大学学报),2013(6).
[95] 禹卫华. 从手机谣言到恐慌行为:影响因素与社会控制——基于第三人效果框架的历时研究[J]. 新闻与传播研究,2011(6).
[96] 俞可平. 治理和善治:一种新的政治分析框架[J]. 南京社会科学,2001(9).
[97] 于丹,张洪忠,杨东菊. 我国官方传播渠道在重大公共事件中的公信力研究[J]. 国际新闻界,2010(6).
[98] 杨杨,吴娟,陈廷贵. 长江禁捕退捕政策的演进逻辑与实践路径——基于政策文本分析的视角[J]. 中国农业资源与区划,2023(7).
[99] 杨君茹,马盈袖. 环境风险沟通信息框架对公众满意的影响研究——基于认知需求视角[J]. 聊城大学学报(社会科学版),2022(4).
[100] 于丹,董大海,刘瑞明,等. 理性行为理论及其拓展研究的现状与展望[J]. 心理科学进展,2008(5).
[101] 袁光锋. 公共舆论中的"情感"政治:一个分析框架[J]. 南京社会科学,2018(2).
[102] 禹菲. 自媒体传播中的道德情感:舆情动员与治理逻辑[J]. 河南师范大学学报(哲学社会科学版),2022(6).
[103] 于文超,高楠,龚强. 公众诉求、官员激励与地区环境治理[J]. 浙江社会科学,2014(5).
[104] 喻国明. 网民年轻群体心理场域的若干特征分析[J]. 新闻与写作,2013(11).

[105] 杨喆,石磊,马中.污染者付费原则的再审视及对我国环境税费政策的启示[J].中央财经大学学报,2015(11).

[106] 杨正.超越"缺失-对话/参与"模型——艾伦·欧文的三阶科学传播与情境化科学传播理论研究[J].自然辩证法通讯,2022(11).

[107] 张志安,冉桢."风险的社会放大"视角下危机事件的风险沟通研究——以新冠疫情中的政府新闻发布为例[J].新闻界,2020(6).

[108] 张雷.经济和传媒联姻:西方注意力经济学派及其理论贡献[J].当代传播,2008(1).

[109] 张雯.突发风险事件中公众跟帖行为影响因素分析——基于探索性序列设计的混合研究[J].情报杂志,2019(7).

[110] 张洁,张涛甫.美国风险沟通研究:学术沿革、核心命题及其关键因素[J].国际新闻界 2009(9).

[111] 周如南,周大鸣.情境中性的社会网络与艾滋病风险——凉山地区通过性途径传播艾滋病的风险研究[J].开放时代,2012(2).

[112] 周裕琼.网络世界中的意见领袖——以强国论坛"十大网友"为例[J].当代传播,2006(3).

[113] 郑也夫.信任:溯源与定义[J].北京社会科学,1999(4).

[114] 张峥,谭英.网络论坛参与下的"议题互动"——对"华南虎事件"的传播学分析[J].东南传播,2008(2).

[115] 张文慧,王晓田.自我框架、风险认知和风险选择[J].心理学报,2008(6).

[116] 赵延东,罗家德.如何测量社会资本:一个经验研究综述[J].国外社会科学,2005(2).

[117] 周睿鸣. 转型中的中国新闻业视频创新与行动策略研究[J]. 新闻大学,2022(10).

[118] 张志安,彭璐. 混合情感传播模式:主流媒体短视频内容生产研究——以人民日报抖音号为例[J]. 新闻与写作,2019(7).

[119] 张橦. 新媒体视域下公众参与环境治理的效果研究——基于中国省级面板数据的实证分析[J]. 中国行政管理,2018(9).

[120] 张国清,高礼杰. 互利、对等与公平:罗尔斯正义理论的休谟因素[J]. 学术界,2022(4).

[121] 张永生,巢清尘,陈迎,等. 中国碳中和:引领全球气候治理和绿色转型[J]. 国际经济评论,2021(3).

[122] 张宇轩. 农村光伏发电能否助力"解局"电力紧缺　表面火热,内遭瓶颈[J]. 中国经济周刊,2022(22).

[123] 袁丰雪,周海宁. 涡轮传播模式下突发事件的舆情演进特征与治理模式——以重大公共卫生事件新冠肺炎疫情为例[J]. 山东社会科学,2021(8).

[124] 袁丰雪,周海宁. 从教化启蒙到受众同参:融媒体时代媒介教育的新转向[J]. 中国编辑,2022(4).

[125] 陈娟,赵宇佳. 完善食品安全风险沟通机制[N]. 光明日报,2016-08-28(6).

[126] 王辉健. 实现"双碳"目标　须跑好科普这一棒[N]. 光明日报,2022-09-19(7).

后　记

从 2013 年 1 月 10 日或稍早开始，北京的雾霾天气开始持续。此后，最严重的时候，一个月之中只有 5 天是晴天，空气污染更是达到最严重的六级。一时之间，$PM_{2.5}$“爆表”成为热词，尽管人们并不一定真的了解“爆表”的含义。

刚进入博士阶段的时候，我并没有打算研究风险沟通，毕竟风险沟通在新闻传播学中并不算一个特别热门的方向。但是，兴趣使然，加上亲身所处的环境污染日益严重，环境保护已经成为全中国乃至全世界关心的一个问题，政府、媒体、公众人物、环保组织及大量民众等都参与了对这一问题的讨论。这样的一个典型事件就成为研究舆论生态的一个极佳的、有代表性的样本，对它的观察也是我作为研究者的一次极有意义的体验。

仔细回想，其实我对风险沟通的兴趣在更早的时期便已经形成了。2011 年 3 月，日本福岛发生地震并引发海啸，福岛核电站发生核泄漏，其他国家的人民闻灾色变，试图通过“抢盐”或“抢碘片”等行为来保护自身健康。当时我正好在武汉大学读博士，作为经历者，虽然不曾加入抢盐者的行列，但内心的恐慌却是真实存在的。作为一名传播学的博士，我进行的信息检索并没有达到令人满意的效果。这促使我思考，面对不可控的风险时，人们总是显得特别脆弱，想要做些什么来缓解内心的紧张，有时也许仅仅是表达愤怒，或者积极寻找防御的方法，更有甚者，抱着听天由命的“佛系”心态。我不禁思考，面对风险，政府、媒体、公众人物、公众都在做什么，他们能做什么，以及如何更好地获得科学信息。

随着国家开始严肃地整治雾霾，秋冬季节的重度污染天气得到了明显改善，但贺克斌院士表示，2030 年以后，按照目前的治理规划和治理手段，大气污染治理会遭遇瓶颈期。随着全球变暖的加剧，2020 年 9 月，习近平主席在第 75 届联合国大会一般性辩论上作出中国将提高国家自主贡献力度，二氧化碳排放量力争于 2030 年前达到峰值，努力争取 2060 年前实现碳中和的承诺。可见，大气污染的治理还有相当长的一段路要走。

书写和出版本书的过程中，我得到了许多帮助。首先，非常感谢导师刘丽群教授在我博士论文的前期理论框架构思上给予的指导。刘老师是一名严谨的学者，在我的研究过程中提出了很多中肯的意见，对提高我论文写作的完整度和条理性有很大帮助。之后，我在鲁东大学完成了书稿的最后两章。在这里，文学和传播学专业的同事给我提供了不少的新视角。在我博士论文的基础上，张成良教授和袁丰雪教授都提出了非常有价值的建议。在此表示感谢。再次，感谢复旦大学出版社的编辑刘畅老师，她对本书的出版提出了许多宝贵的意见。最后，我想感谢我的父母，是你们在我写作时间非常紧张的时候帮我分担了大部分家务，使我能心无旁骛地工作；感谢儿子能够理解我工作的艰辛；感谢我的爱人，这段时间你也在写博士论文，这种并肩前行让我感到欣慰。你们是我人生前进的重要动力，感谢你们付出的所有情感和劳动！你们的期望使我经常检视自己的惰性，使我有勇气面对一切困难。

图书在版编目(CIP)数据

绿色低碳时代的公共舆论研究:以大气污染治理中的突发事件为例/仇玲著. —上海:
复旦大学出版社,2024.6
ISBN 978-7-309-17008-5

Ⅰ.①绿… Ⅱ.①仇… Ⅲ.①空气污染-污染防治-突发事件-舆论-研究 Ⅳ.①X51
②C912.63

中国国家版本馆 CIP 数据核字(2023)第 181648 号

绿色低碳时代的公共舆论研究:以大气污染治理中的突发事件为例
LÜSE DITAN SHIDAI DE GONGGONG YULUN YANJIU: YI DAQI WURAN ZHILI ZHONG
DE TUFA SHIJIAN WEILI
仇 玲 著
责任编辑/刘 畅

复旦大学出版社有限公司出版发行
上海市国权路 579 号 邮编: 200433
网址: fupnet@fudanpress.com http://www.fudanpress.com
门市零售: 86-21-65102580 团体订购: 86-21-65104505
出版部电话: 86-21-65642845
江苏凤凰数码印务有限公司

开本 890 毫米×1240 毫米 1/32 印张 8.125 字数 196 千字
2024 年 6 月第 1 版
2024 年 6 月第 1 版第 1 次印刷

ISBN 978-7-309-17008-5/X · 46
定价: 56.00 元